TROPICAL LANDSCAPE DESIGN OF PLANTING

热带园林植物造景

——设计方法与常用材料

李敏 著

机械工业出版社
CHINA MACHINE PRESS

本书阐述了中国热带及南亚热带地区园林植物造景的设计理论、方法与实例，精选推介了数百种热带园林造景常用的植物材料。本书内容包括热带园林植物造景研究概况，热带园林植物景观单元设计，华南热带园林植物造景实例，热带园林乔木与灌木类植物，热带园林草本与藤本类植物，热带棕榈类、竹类和水生植物。本书融知识性、技术性和艺术性于一体，深入浅出，理论联系实际，图文并茂。

本书可供从事风景园林设计与工程管理的专业技术人员应用，也可作为高校相关课程的教学参考书。

图书在版编目（CIP）数据

热带园林植物造景：设计方法与常用材料 / 李敏著. —北京：机械工业出版社，2019.11
ISBN 978-7-111-63968-8

Ⅰ.①热… Ⅱ.①李… Ⅲ.①热带植物—园林植物—园林设计—研究
Ⅳ.①TU986.2

中国版本图书馆CIP数据核字（2019）第224649号

机械工业出版社（北京市百万庄大街22号 邮政编码100037）
策划编辑：赵 荣 责任编辑：赵 荣 范秋涛
责任校对：蔺庆翠 责任印制：孙 炜
北京联兴盛业印刷股份有限公司印刷
2020年3月第1版第1次印刷
184mm×260mm·15.75印张·261千字
标准书号：ISBN 978-7-111-63968-8
定价：99.00元

电话服务   网络服务
客服电话：010-88361066   机 工 官 网：www.cmpbook.com
          010-88379833   机 工 官 博：weibo.com/cmp1952
          010-68326294   金 书 网：www.golden-book.com
封底无防伪标均为盗版   机工教育服务网：www.cmpedu.com

前　言

　　灼热透明的阳光、繁茂灿烂的花木、浓郁神秘的热带雨林、火辣明亮的沙滩、碧蓝的天空与海水、迎风摇曳的椰子树叶、金黄色的沙漠与海市蜃楼般的绿洲，这些景象混合成人们脑海中的热带景观，也构成了对热带园林的一些模糊意象。然而，作为一个专门的学科研究领域，"热带园林"一词在国内学术界还不太令人熟悉。中国南部热带资源对城市环境与园林景观设计的价值如何？传统岭南园林艺术与国际园林学术研究的接轨点在哪里？要弄清楚这些问题，就需要对热带园林的基本概念和营造规律进行科学研究。

　　广义上讲，热带园林特指适宜于热带气候条件，以热带自然景观为原型，经过园林艺术和工程技术的处理，集中表现热带地区景观特性、地域文化和社会风情的园林类型。它是一种基于气候带资源特征的地带适宜性园林形式，也是现代园林景观营造中的生态与人文和谐共存的典型文化载体之一。

　　热带园林是随着人类对本土自然资源和人文资源的探索、挖掘而逐渐产生和发展的。开展热带园林植物景观营造方法的研究，要以热带气候为基础，以热带自然景观和特色造园植物材料为主要研究对象，进而抽象、提炼出其主要形象特征、景观要素和营造规律。植物是风景园林的主要构成元素之一。自然界丰富的植物资源和苗木材料经过合理的规划、设计与配置，可以形成具有地域特点的典型植物景观，构成良好的园林游憩空间，发挥良好的生态与社会效益，并给人以审美感受。

　　相比历史上中西方古典园林的营造，热带园林的发展相对较晚。18～19世纪，热带地区丰富多彩的植物资源不断被各国探险家和研究工作者发掘和收集，并将其作为个人财

马尔代夫热带海滨景观

富的象征。19 世纪初，一些植物学家在世界各热带地区建立了许多著名的热带花园作为收集和研究热带植物的中心，如加尔各答（1786 年）、茂物（1817年）、新加坡（1822 年）等，对当地的经济发展也起到了重要的推动作用。随后，在一些亚热带地区也开展了类似的工作，建立了若干热带植物专类园。如 1938 年建立的美国菲尔彻尔德热带花园（Fairchild Tropical Garden），就是在大卫·菲尔彻尔德（David Fairchild）的倡导下，以收集世界各地热带植物（特别是以栽培棕榈科植物）而闻名。同处于美国佛罗里达州的玛丽亚·塞拜植物园（Marie Selby Botanical Garden），则以收集栽培附生植物见长。

近百年来，世界各国的造园家对热带植物形态（form）、色彩（color）和质地（texture）的娴熟把握，促进了热带园林营造水平的提高。例如，罗伯特·布勒·马克斯（Roberto Burle Marx）结合绘画艺术，开创性地利用热带地区丰富的植物资源，结合巴西土著原始艺术，以大面积色块种植构图为主题，营造出一种独特风格的抽象图案化园林形式，后来风靡世界。威廉·莱曼·菲力普（Willian Lyman Phillips）在美国南佛罗里达的景观设计、彼得·格林史密斯（Peter Greensmith）对肯尼亚内罗毕的园林景观建设的影响，与马克斯对巴西园林景观设计行业的影响相似，都成为热带园林景观营造的先驱。第二次世界大战以后，热带地区国家利用舒适宜人的气候、丰富的观赏植物资源、迷人的海滨景观和独特的城市文化吸引世界各地的旅游者，营造了一些世界著名的旅游度假胜地，许多高品质的热带度假别墅和酒店建设促进了热带园林的蓬勃兴起。

20 世纪 60 年代初，由美国建筑师约翰·波特曼（John Portman）于亚特兰大凯悦酒店（Hyatt Regency hotel）首创的"共享空间"，提供了一个小气候温暖的中庭环境，栽培了许多热带观赏植物，后来成为世界各国大型公共建筑中庭花园营造的榜样。在这些中庭花园中，多以热带植物景观作为观赏主题。此后，各种观赏温室的营造，也为热带园林景观的传播与普及提供了可能，如尼加拉瓜大瀑布风景区的冬园，表现的就是热带雨林景观的神秘和灵性。近年来，我国各大

天堂般美丽的巴厘岛酒店花园

城市相继营造的大型观赏温室（如北京植物园、上海植物园、广州云台花园、昆明世博园、青岛世博园等），多是将热带园林植物景观进行科普化展示，使其影响范围大大突破了地域局限。

色彩绚丽的热带园林植物景观

国外有关热带园林植物景观营造的研究，主要集中在对热带地区度假酒店园林植物景观设计层面。其中，一些热带园林景观设计大师，将热带度假酒店环境设计水平不断推向新高度。如巴厘岛风格奠基人澳大利亚人马德·维贾亚（Made Wijaya）、景观设计师比尔·宾斯莱（Bill Bentley）、斯里兰卡建筑师兼景观设计师杰弗里·巴瓦（Geoffrey Bawa）、巴西景观设计大师罗伯特·布勒·马克斯（Roberto Burle Marx）等。其中，马德·维贾亚的设计作品遍及巴厘岛、雅加达和新加坡的300多座酒店和住宅园林，他善用花色鲜艳的热带大花植物与奇特的巨型叶植物和大海景观相映生辉，表现热带天堂的风光美景。其植物造景的设计风格，对我国东南沿海城市高端住区和酒店园林景观营造产生了很大影响。

在热带园林里，充满艳丽的景观形式和强烈的色彩对比，观赏植物应用的个性特色非常显著，在色彩、肌理和形态上独树一帜。热带花木的繁茂艳丽，主要体现在彩叶或花叶植物的运用上。许多具有大而壮观花朵或花序的植物，大大增强了热带园林景观的艺术表现力。例如，凤凰木（*Delonix regia*）、木棉（*Bombax malabaricum*）、美丽异木棉（*Chorisia speciosa*）、蓝花楹（*Jacaranda acutifolia*）、黄槐（*Cassia surattensis*）、大花紫薇（*Lagerstroemia speciosa*）、大花第伦桃（*Dillenia turbinata*）等。在热带地区，彩叶植物的应用品种非常丰富，有红、黄、白、银、灰、蓝等多种色系，常见的有桑科（*Moraceae*）、大戟科（*Euphorbiaceae*）、美人蕉科（*Cannaceae*）、竹芋科（*Marantaceae*）、姜科（*Zingiberaceae*）、龙舌兰科（*Agavaceae*）、天南星科（*Araceae*）的植物。彩叶或花叶灌木与草本常用做下层植被，在绿地中构成织锦般绚丽的色彩斑块，如红桑（*Acalypha wikesiana*）、变叶木（*Codiaeum variegatum*）、黄金榕（*Ficus microcarpa* 'Golden Leaf'）、红背桂（*Excoecaria cochinchinensis*）、紫娟苋（*Aerve songuinolenta* 'Songuinea'）、花叶良姜（*Alpinia zerumbet* 'Variegata'）、假金丝马尾（*Ophiopogon intermectius* 'Argenteo-Marginatus'）、黄叶假连翘（*Duranta repens* 'Golden leaves'）、蚌花（*Rhoeo discolor*）、金脉爵床（*Sanchezia nobilis*）等。典型的热带园林植物景观，还包括茎花、茎果、板根、附生植物、攀缘植物、大型木质藤本及沙生植物等具有特殊观赏价值的花木类型，如仙人掌类、龙舌兰类（*Agave spp.*）、露兜树类（*Pandanus spp.*）。

　　古今中外的园林都是人类与自然进行交流的特定场所，其本质的存在意义是协调人与自然的关系，修复人与自然的分离。园林艺术与其他相关艺术的本质区别，就在于它对于自然、生态、场所、文化与人的行为的特殊关注。与其他气候带的园林形式相比，热带园林无论在景观营造形式还是游憩生活内容上，都更接近自然，尤其注重运用热带植物造景，充分表现生物多样性的景观魅力，创作生态与美学和谐共存的地带性园林景观。

　　我国南方城市园林建设历来重视应用富有地带特色的植物，多以常绿植物为基调，配置开花乔灌木，形成满目葱绿、四季花开的景观面貌。一些城市面貌具有鲜明植物景观特色，如"花城"广州、"绿城"南宁、"椰城"海口、"榕城"揭阳等，形成一张张风光靓丽的城市名片。国家园林城市、国家森林城市、全国绿化模范城市等荣誉称号的创建评比，有效推动了华南地区城市园林绿化面貌的提升，园林植物配置形式从较为单一的行道树绿化逐渐发展到树群林带、疏林草地、乔灌草复层结构、立体绿化等，创造出许多具有南亚热带地域特色的园林景观。

　　本书发挥风景园林学科的综合性优势，通过概要阐述热带园林植物造景的理论基础，探索总结适用于热带和南亚热带地区各类城市绿地的植物配置景观单元设计方法，提炼具有热带园林特色的植物要素和景观类型，结合分析华南地区园林绿化建设工程的典型案例，梳理热带园林植物景观营造的各类典型配置模式，进而归类、筛选热带和南亚热带城市常用的园林植物造景材料以指导实践应用。

　　本书内容力求深入浅出、理论联系实际，适合我国南方地区从事风景园林设计与工程管理的专业技术人员应用，也可作为高校相关课程的教学参考书。

"花之恋"——湛江南国热带花园主雕

目　录

第1章 热带园林植物造景理论基础

1.1 相关的理论研究概念

1.1.1 中国热带地区

地理学根据气温随纬度而变化的情况把地球表面分成了5个天文气候带——热带、南北温带和南北寒带。其划分依据是正午太阳高度和昼夜长短两个因素，即以有无太阳直射光线和有无极昼极夜现象等天文特点进行分界。地理学家以南北回归线作为热带和南北温带的天文界线，南北极圈作为南北温带和南北寒带的天文界线。地球上不同纬度的地带，接受的太阳辐射量也不同。每个气候带都有其共同的景观特征，热带的显著特征是有太阳直射，南北寒带则有极昼极夜现象。

多年来学术界对热带地区（Tropical zone or Tropical area）的范围划分有不同的观点。其中，既有气候带的概念，也有气候地区的表述。地理学上将一个完整地域上连成一片的气候类型单位称为"气候区"。当控制该地区的气候为热带气候时，该地域就称为热带地区（Tropical zone）。

地理学上常说的热带，是指太阳直射点在北纬23.5°（北回归线）和南纬23.5°（南回归线）之间来回移动的广大低纬度地区。此区内太阳高度角全年都很大，一年中有两次受到太阳直射的机会，因而得到的热量比世界其他地区都多，终年气温较高，季相变化不大。在北半球，"热带"还包括了气候学上所称的"南亚热带"地区（South subtropical zone）。

气候学上常用等温线作为划分气候带的界线，即用最冷月平均气温18℃等温线作为温带和热带的分界线。亚热带的划分标准为全年最冷月平均气温0℃以上而小于18℃，有干燥型和湿润型之分。天气学上所定义的热带，是指副热带高压脊线的向赤道一侧、受东风带控制的地区。而园艺学上所称的热带，是指任何气候带中年均最低气温大于0℃的地区。我国农业上把具有热带与南亚热带气候的地区统称为"热区"，其范围包括海南、广东、云南、广西、福建南部和贵州、四川南端的河谷地带以及台湾等省区。国际园艺界还将美国的佛罗里达、路易斯安那，中国台湾的典型气候属于大陆东海岸热带气候。

国际上通用的"柯本气候分类法"（Koppen Climate Classification）是以气温和降水为指标，并参照自然植被的分布进行气候分类。将全世界的气候划分为五种类型：热带多雨气候带（Tropical）、干燥气候带（Arid）、温带多雨气候带（Temperate）、寒冷气候带（Cold）、冰雪气候带（Polar）。其中，最冷月平均气温 18℃等温线是热带植物群落生长的临界温度。热带多雨气候带又分热带雨林气候（Rainforest climate）、热带季风气候（Monsoon climate）、热带疏林草原气候（Savannah climate）；干燥气候带又分为沙漠气候（Desert climate）和草原气候（Steppe climate）。

气候学将世界气候分为赤道气候带、热带气候带、副热带气候带、冷温带气候带和极地气候带。其中，南北纬10°之间的地区为赤道气候带，全年高温，降水量多且平均，无明显的干燥季节，植物可终年生长，具有多层林相，乔木、灌木、攀援植物、附生植物、寄生植物等。热带气候带是指太阳直射点在南北回归线之间来回移动的广大低纬地区，位于南北纬10°到南北回归线之间，与低纬度的东风带基本一致。我国台湾的台中到汕头、广州、南宁一线以南地区至赤道气候带北界，就属于热带气候区，一年中有热季、雨季和凉季之分。副热带气候带在南北回归线到南北纬33°之间，是热带与温带之间的过渡地带。

丘宝剑等学者提出，我国热带的北界线大致东从台湾北回归线附近横穿雷州半岛北部，然后中断，至云南南部元江以下的谷地、西双版纳和孟定地区又出现；主要包括台湾南部、雷州半岛和海南岛、云南元江谷地、西双版纳部分地区和孟定。南亚热带的北界线东从台湾以北起，经过福州、漳州、惠阳、英德、梧州、河池、罗甸、开远、盈江一线以北。此外，自华坪至巧家的金沙江河谷，也有南亚热带气候特征。南亚热带与热带植物的生长条件大致一样。典型的热带植物景观包含以热带雨林和海滨植被为特色的"湿热型景观"，以及沙漠旱生植物群落为特色的"干热型景观"。南亚热带是亚热带向热带的过渡地带，在自然景观上富有热带色彩，兼有亚热带特征，植被生境与中亚热带有明显区别。1959年版的《中国综合自然区划》将广州、南宁、闽南等地均称为"南亚热带"。对此，有学者提出应将其更正为"北热带"的意见。

原中国科学院学部委员、中国林业科学院院长吴中伦教授认为：在南北回归线之间的地域即为热带地区。国际上讲热带陆地面积和热带森林面积一般都是指这个范围。著名物候学家竺可桢教授也曾指出：南岭则可说是我国亚热带的南界，南岭以南便可称为热带了。热带的特征是四时皆是夏，一雨便成秋。

1987 年 10 月，联合国环境署与瑞典皇家科学院在奥地利召开的"世界气候变化及其对策"国际学术研讨会，也以南、北纬 24° 间的地区作为"热带地区"。

综上所述，中国热带地区国土范围广阔，大致以北回归线附近为热带北界（含南亚热带）。受海洋气候影响，热带北界在闽南沿海地区可延伸到莆田附近（24°N）。实际地域包括海南省（含南海诸岛）、香港、澳门和广东、广西、云南位于北回归线以南的地区；台湾中南部和闽南沿海地区。此外，西藏东南部雅鲁藏布江下游的墨脱、察隅谷地（28°N~29°N），也有不少热带植被景观的地区。这些地域共包括 124 个完整县市和 50 个县市的部分地区，总面积约 30.8 万 km²，占国土面积的 3.2%。其中，云南西双版纳州、瑞丽州和海南省（含南海诸岛）全境属热带地区，台湾嘉义、云南腾冲、广州、深圳、湛江、汕头、南宁、北海、钦州、防城港等地属南亚热带地区。

1.1.2　地带性植被

地带性植被（zonal vegetation）在植物地理学上又称"显域植被"，是指能充分反映气候类型特征的植被类型。地带性植被在地球表面常呈带状分布，与气候带（型）的界线大致相符。与之相对应的是非地带性植被（azonal vegetation），又称"隐域植被"。它是指受地下水、地表水、地貌部位或地表组成物质等非地带性因素影响而生长发育的植被类型。非地带性植被具有广布性特点，即某一非地带性植被类型可以出现于两个及以上的气候带。如草甸从寒带至热带都能见到。

在植物生态学上，地带性植被一般是分布在"显域境地"中。受当地气候条件（主要是热量和水分条件及其组合状况）的影响，它能充分反映一个地区的气候特点，故将此类植被称为"地带性植被"。地球陆地表面的气候按维向、径向和山地垂直三个方向改变，植被类型也按这三个方向做地带性分布。如热带雨林、亚热带常绿阔叶林、暖温带的落叶阔叶林、寒温带的针叶林、寒带的苔原等，都是按维度方向分布的地带性植被。

地带性植被是地带性园林构建的主要因素。热带地区的地带性植被由雨林、季雨林、稀树草原、红树林等类型组成。热带园林对应的地带性植被，是热带地区自然生长的植被类型，其群落可分为湿热型和干热型两大类。依据热带植物群落的构建特点，大致可归纳为人工雨林景观群落、热带季雨林景观群落和热带稀树草地景观群落三类。根据热带自然植被的景观特征划分，又有热带山地雨林、季节性雨林、季风性常绿阔叶林、石火山季雨林、热性竹林、山地苔藓、常绿阔叶林及众多的珍稀植物等表现形态。

1.1.3 园林植物造景

植物是自然界最富有生命活力的景观审美要素，能使种植空间展现生命活力，表现四时变化。植物造景是探索一种自然生命要素与空间布局机理的有序组合，须从植物形态、色彩、季节变化等方面进行合理的配置。

热带地区的地带性植被——深圳湾红树林景观

苏雪痕教授在《植物造景》专著中提出："植物造景就是应用乔木、灌木、藤本及草本植物来创造景观，充分发挥植物本身形体、线条、色彩等自然美，配置成一幅幅美丽动人的画面，供人们观赏"。臧德奎先生在《园林植物造景》一书中也提到：园林植物造景，或称植物景观设计，就是指利用乔木、灌木、藤本及花卉等各种园林植物进行环境景观营造，充分发挥植物本身形体、线条、色彩等自然美，配置成一幅美丽动人的画面。园林植物造景是现代园林建设的重要内容，既包括人工植物种植设计与植物群落景观营造，也包括对环境中自然植物景观的保护和利用。

植物配置是将自然界的植物移植到人工环境中，按照植物生态习性要求为其创造适宜的生长环境，基本满足植物原生长地的环境和伴生植物要求，使之

健康生长，形成景观。园林植物配置
要结合园林营造要求，按照植物的生
长规律和立地条件，采用适当的构图
形式组成不同的园林空间景观，满足
人们的游憩需求。所以，植物造景的
本质是合理运用植物材料因地制宜地
加以配置和栽培布局，构成园林空间，
形成审美景观。

　　姜海凤等在《热带园林植物景观
设计研究》书中认为：热带园林植物
景观是热带园林的集中展现，群落配

巴厘岛的热带园林植物造景实例

置形式和手法，影响热带园林艺术风格，反映热带地域的景观特色。植物景观
设计是通过提炼热带地区自然界植物景观特征，采用当地植物材料模拟自然界
的植物群落，营造自然且符合观赏与使用功能的植物景观。

1.1.4　植物景观单元

　　所谓"景观单元"（landscape unit）是指由功能上相关的多种景观要素组
合构成的相对独立完整的单元。由于各个学科领域研究目的、划分方法不同，
对"景观单元"的称谓也不尽相同。

　　景观生态学的研究认为，斑块、廊道和基质是景观的基本空间单元。景观
要素主要是根据景观单元的空间组合形态特征，即斑块、廊道和基质的形态分
类。植物地理学家 B.N. 苏卡乔夫就侧重景观内部的生态联系，认为景观是生
物地理群落（景观单元）的地域综合体。生态学家 Forman 进一步将其定义为
空间上镶嵌出现和紧密联系的生态系统的组合，在更大尺度的区域中，景观是
互不重复且对比性强的基本结构单元。有些土地规划学者将其称之为"相"，
也有称之为"立地（Site）"。刘黎明在《乡村景观规划》书中提到：景观单
元是景观组成要素的自然属性（主要是地形地貌、植被或土壤的空间差异性），
如农田景观中的水田、梯田、缓坡旱地等景观。

　　高大伟等在《颐和园生态美营建解析》书中提到：颐和园近年采取了"植
物景观单元法"的方法进行植物意境分析，并通过"网格化管理"的方法进行
植物恢复。基本方法是通过对颐和园植物景观的现状进行调研，以不同植物景

观单元所表达的不同意境、所在区的立地条件、所展现的不同景观效果、所近的自然生态性作为综合评价因子,将全园划分为若干具有不同特点的植物景观单元,再根据乾隆御制诗等历史文档的记载推断清漪园时期的植物景观进行比较,对不符合造园意境的植物配置进行调整和修复,并建立网格数据化管理模式。这是一种通过典型案例的样方分析探索植物造景模式的研究方法。

实践中与植物景观单元相关的研究多集中在植物配置和种植设计方面。清华大学李树华教授曾提出:种植设计单元(Planting design unit)是园林植物景观营造过程中位于植物个体之上的最小组成部分,是一个完整的植物景观,是园林种植设计中的基本单位。在园林种植设计当中,植物种植单元可以是一棵孤植树,也可以是两株树木对植形成的种植单元,还可以是更多植株组成的整体。单元内的树种应存在一定的相关性。由多个种植单元组成种植分区,多个种植分区构成整个园林绿地。

新加坡机场路雨树和大王椰子构成的植物景观单元

李敏、谢良生等在《深圳园林植物配置与造景特色》书中提出:景观模式是指人为地对具有相同特征的景观单元进行归纳和提取的景观结构类型。景观单元是指生态系统里具有一定稳定性和完整性的综合体,各类景观单元的镶嵌组合体统一构成景观。一个景观单元中可包含多种景观模式。

所以,植物景观单元实质上是对构成同类景观特征的植物造景要素进行分析归纳,提取构成具有某种植物造景特色的典型植物配置模式。它既是具有一定稳定性、完整性、能发挥景观和生态效益的园林空间实体,又是人工配置的植物景观组合体。造园家在植物造景过程中,须遵循科学规律,运用艺术手法对各种植物进行组合配置,形成富有特色的景观。构成植物景观单元中的植物材料需在生态和形态上有一定的相关性和互惠性,景观单元内的各种植物应能良好生长,充分发挥其生态和景观效益。

《深圳园林植物配置与造景特色》封面

1.2　国内外主要研究动态

1.2.1　国内相关研究

迄今为止，国内学术界对园林植物景观单元相关内容的研究，主要集中在园林植物造景艺术和配置方法、以植物群落为单元的植物景观规划和生态设计、植物景观评价方法和应用、城市各类绿地中植物景观设计以及其他学科知识、技术在植物造景中的应用等方面。

1. 学术论著

园林植物造景艺术和配置方法的研究，主要涉及植物材料的选择应用、植物配置方法探究、种植设计原则、植物造景艺术文化内涵和美学思想等方面。较有代表性的论著有：储椒生、陈樟德在《园林造景图说》中阐述了园林艺术和一般园林设计的原理，"各论"中采用插图方式解说了花坛、孤植树、对植、树丛、树群、风景林等植物造景手法的应用。苏雪痕教授的《植物造景》，强调植物造景要具备科学性和艺术性两方面的高度统一，既满足植物与环境在生态适应上的统一，又要通过艺术构图原理体现出植物个体及群体的形式美以及人们在欣赏时所产生的意境美。再如：

1）张吉祥编著的《园林植物种植设计》，介绍了园林植物种植设计的基本形式，园林花卉、草坪、水景、园路及建筑环境的种植设计等内容。

2）朱钧珍所著的《中国园林植物景观艺术》，以杭州园林植物配置课题研究成果为基础，深入挖掘、探讨独具传统文化特色的中国园林植物景观艺术，论述了园林植物造景风格的形成、中国传统园林植物景观、中国寺观园林植物景观、园林植物空间景观、园林植物水体景观、园林植物道路景观、园林建筑小品植物景观、绿色造景艺术、大自然植物景观艺术等方面内容。

3）赵世伟等编著的《园林植物景观设计与营造》，以园林植物图片数据库的形式，结合园林植物造景原则，介绍了不同园林植物材料在造景实践中的应用实例。

4）李敏和谢良生在《深圳园林植物配置与造景特色》一书中，分析了深圳市园林绿化建设中植物造景与配置方面存在的问题，总结探索适合深圳地理环境、居民生活方式和游憩审美趣味的园林植物配置模式与营造特色。

5）陈其兵在《风景园林植物造景》一书中阐述了植物在园林中的应用方式、

园林植物造景设计的基本原则及程序、园林水体、山石、建筑与园林植物造景、公园绿地植物造景、道路绿地植物造景等内容。

2. 期刊论文

我国学者研究热带地区植物景观起步较晚，多以城市园林绿地植物景观为主要研究对象。其中对华南热带地区和南亚热带城市植物景观特色的营造研究，多集中在物种多样性、树种规划和植物配置、植物景观评价方法及应用等方面，而从植物景观单元切入开展热带园林植物造景方法研究的尚为罕见。相关的成果主要有：

1）李敏教授在《热带园林的基本概念与研究意义》和《热带园林研究初探》等论文中，从多学科融贯研究的角度阐述了热带园林的概念、发展特点及其景观特色，提出对热带园林的研究可以为更宽领域的地带园林学开拓打下基础。

2）吴刘萍和李敏在《试论湛江市园林植物景观热带特色的营造》论文中提出：通过加强湛江市热带特色植物的规划选择，研究运用热带特色植物配置的形式和手法，可以在城市绿地中营造出富有热带特色的园林植物景观。

3）谢晓蓉在硕士论文《岭南园林植物景观研究》中提出对岭南园林植物景观营造有比较重要借鉴意义的自然植物群落类型，主要有亚热带常绿阔叶林、亚热带季风常绿阔叶林、热带季雨林和热带雨林。

4）姜海凤通过实验在热带雨林中寻求植物景观规律，提炼特征要素，根据场地使用频率强度（高、中高、中、中低、低）划分植物景观模式（雨林群落、雨林栈道、雨林休闲、疏林休闲、林荫商业），并应用到场地建设中。同时指出要提炼热带雨林标志特征，从观赏角度进行配置，强化热带雨林景观效果。

5）黎伟等在《热带园林植物专类园的景观设计》（2009）中，讨论了热带地区较有地域特色的南药园、荫生植物园、野生花卉园和人工热带雨林的设计方法及其植物种类。

6）吴庆书主编的《热带园林植物景观设计》一书中论述了热带景观概述、热带植物群落特征、热带园林植物特性、热带植物景观设计要点、热

深圳香榭丽住区入口热带植物景观

带典型园林植物景观设计等。

此外，由于华南热带滨海城市的植物景观特色比较明显，吸引了许多专家学者的关注，写出了不少有关海口、湛江、珠海、深圳、广州等城市热带园林植物景观特色的研究论文。例如：

1）黄青良等在《棕榈科植物在海口市园林绿化上应用的探讨》论文中指出，自然美是热带海滨城市主要的美学特征，以热带植物代表之一的棕榈科植物作为街道绿化的主要树种广泛应用，使得海口作为热带海滨城市的特色得以充分体现。

2）成夏岚等在《海口市城市绿地常见植物多样性调查及特征研究》论文中，通过对 33 个城市绿地样点进行分析，总结出海口绿地常见植物共 72 科 187 属 298 种（含品种），含植物种较多的科是棕榈科植物 32 种、龙舌兰科植物 24 种、桑科植物 19 种、大戟科植物 14 种、天南星科植物 13 种，以上植物占总数的 34.3%；含植物种较多的属是榕属 15 种、龙舌兰属 7 种、簕竹属 7 种、龙血树属 6 种，占总数的 11.7%。海口城市绿地中观花植物和彩叶植物的广泛应用，使得植物景观的色彩十分丰富，热带特色明显，如黄花叶艳山姜、火鸟蕉、金榕、龙船花、黄叶假连翘、文殊兰等都较好地体现了南国植物特色。海口市的城市景观中"椰风海韵"特色明显，源于棕榈科植物的大量种植。

3）吴刘萍和李敏在《论热带园林植物群落规划及其在湛江的实践》论文中，论述了湿热型和干热型热带园林植物群落的物种组成、结构特点和景观风貌特色，提出群落规划配置要点，并在中观层次上结合湛江市的案例进行研究，对构建热带园林植物群落做了控制性的规划方法探讨。

4）吴刘萍等在《湛江市城市行道树调查与分析》论文中，通过对湛江市 108 条道路进行抽样调查与分析，总结出湛江市常用的行道树主要有 46 种，分别属于 14 科 38 属，其中棕榈科、桑科、桃金娘科植物有 5 种，苏木科植物有 4 种，楝科、漆树科和木棉科植物分别都有 3 种，在科级水平上，以热带分布科占绝对优势。

5）詹丽云等在《珠海市区道路绿化应用植物调查》论文中，对珠海市 38 条道路绿化应用植物作了调研分析，总结出珠海市区道路绿化应用的棕榈植物较丰富，共 22 种；丰富的彩叶植物如黄金榕、变叶木花色夺目的大花美人蕉，以楝科、桑科和漆树科等热带科属为优势的阔叶树种的应用，特色显著，充分体现了珠海作为南亚热带海滨城市的特征。

6）刘文龙在《珠海市园林景观植物多样性调查与评价及发展对策研究》论文中，对珠海的各类城市绿地中园林植物进行了抽样调查，归纳出棕榈科、桑科、桃金娘科、豆科、大戟科、夹竹桃科等科是较为集中应用的园林植物种类。

7）刘灿在《深圳市园林植物多样性与植物景观构成研究》论文中，对深圳三类典型植被（滨海植被、山地植被和城市山林）进行调查，根据植物空间形态、色彩和绿地环境对植物景观设计展开研究。

8）曾丽娟在《深圳居住区绿地植物造景典型配置模式与特色》论文中，通过对居住区中各类绿地若干植物的基本配置模式进行实地调查，总结概括出了 16 种典型配置模式，探讨了深圳居住区绿地植物造景的特色。

9）唐秋子等在《试析广州兰圃园林植物造景》论文中分析了兰圃人工植物群落现况，探讨了人工植物群落效法自然景观、丰富园林景色的种植方法。

10）李敏等在《广州艺术园圃》一书中，全面介绍了以春节花展小园圃创作为主要形式的广州艺术园圃发展历程。

11）翁殊斐等在《广州园林植物造景的岭南特色初探》论文中总结归纳了具有广州特色的园林植物种类，并对广州城市绿地如何营造具有南亚热带花城特色的植物景观提出了建议。她在《用 AHP 法和 SBE 法研究广州公园植物景观单元》论文中，提出了植物景观单元的类型，并应用植物景观评价方法对其进行研究。

12）梁敏如在《澳门城市绿地与园林植物研究》论文中，通过对澳门园林绿地的调研，系统总结了澳门的园林植物应用状况，提出在澳门绿地应用的植物中，大戟科植物最多，桑科次之；而在桑科植物中，榕属植物占绝对优势。

13）傅嘉维、李敏等在《澳门园林绿地植物配置特色研究》论文中，根据 2009~2010 年间对澳门特区全境的绿地普查资料进行深入研究，提出将澳门园林植物营造特色归纳为三点：南亚热带植物的集约运用，中西合璧的植物配置风格和丰富多样的绿化空间形式。

迄今为止，国内学者有关热带园林植物景观的研究，主要集中在植物造景、植物配置和植物种类选择方面；与植物景观单元相近的研究是植物景观评价方法构建和应用。因此，将热带园林中典型的植物造景模式或植被群落作为研究对象，分析不同类型植物造景模式中的植物搭配方法，用科学、客观的手段分析主观评价结果，可以为植物景观单元模式研究提供参考。实践证明，热带地区常用科、属植物所营造的植物景观，是构成热带特色景观的重要元素，能较好地表现热带风情及其风景美学特征。以棕榈科植物、桑科榕属植物及大花、艳花、彩叶植物为主的热带植物景观，能够典型地表现热带园林意象。

1.2.2　国外相关研究

多年来，国外学者与设计师对热带地区园林植物景观的理论研究和营造实践也做了许多出色的工作。其中，有关热带特色园林植物景观的研究主要是朝着景观生态学的方向发展，研究领域以生态设计理论和热带庭园、度假村设计为主，较少涉及植物景观单元的研究。其主要关注领域有二：

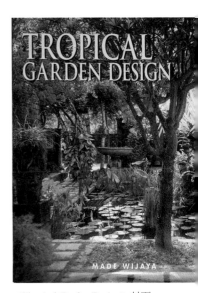

《Tropical Garden Design》封面

1. 热带花园宅院设计

反映该领域热带园林营造成果且影响较大的英文版书籍主要有：

1）《Tropical Garden Design（热带花园设计）》（Made Wijaya），介绍了热带花园的设计原理，庭园、天井、平台和围合空间的造型，庭院观赏植物的选择及其种植设计，并附有一些热带庭园艺术小品实录。作者马德·维贾亚（Made Wijaya）是东南亚著名的园林设计大师，也是"巴厘岛风格"的创始人。他以极富灵感的庭园设计以及对巴厘岛建筑和文化的熟识而举世闻名。他共设计了位于 25 个国家的 1000 个庭园，设计手法影响了众多热带度假酒店的景观设计。他以热带植物自然群落的丛林景观为模板，创造了"热带雨林"型多层多种植物配置模式，适于营造各类园林空间，视觉景观效果十分丰富，并带有浪漫的色彩。

2）《Tropic Paradise（热带天堂）》（Tan Hock Beng）介绍了宾士利（Bill Bensley）事务所的设计作品，内容包括位于泰国、巴厘岛和印度的优秀度假酒店景观创作，论及热带植物的运用技法，充分展现了热带园林的风格与特色。

3）《Paradise by Design（设计创造天堂）》（Bill Bensley），本书真实描绘了位于曼谷和巴厘岛的宾士利设计事务所创作的生活度假酒店和豪宅景观，包括华丽的热带花园，27 个度假村及个性化的家园"天堂"，项目地从中国、印度到巴厘岛，重点在亚太地区，表现出作者对热带气候具有超凡脱俗、感性化及令人敬畏的把握能力。与大多数有关热带建筑的书籍不同，其内容不仅包括建筑和庭园，也涉及景观设计、室内设计、园艺、美术和工艺，尤其独特的是专注于户外空间营造。这些作品坐落在广泛的地理区域（中国、印度、印度尼西亚、毛里求斯等），而不是局限于一个同质化的景观和气候。

4）《Tropical Gardens（热带花园）》（Nicky.den Hartogh），书中介绍了世界热带地区著名的花园案例。其中，作者认为新加坡植物园是东南亚热带花园的代表，并对园中的植物景观做了详细介绍。

5）《The Tropical Garden（热带花园）》（William Warren），介绍了夏威夷、泰国、马来西亚、新加坡和印尼（含巴厘岛）的优秀热带花园景观，分析这些花园营造历史和植物造景特征。

6）《Tropical Asian Style》（William Warren et al，Luca Invernizzi Tettoni），这是第一本展示当代东南亚住宅建筑与环境设计的书。从清迈到巴厘岛，吉隆坡到爪哇，作者记述了20多处宅院分别位于泰国、马来西亚、新加坡和印尼。通过设计，每个宅院都达到了与热带自然环境完美和谐。这些住宅的基本设计元素表现出明确的主题，通过各种和谐的方法实现微风轻拂的外廊、户外亭阁、清新的水池和装饰优雅的卧室、浴室和起居区，它们都面向郁郁葱葱的热带花园开放。

2. 热带园林植物应用

通过广泛的文献检索，基本没有能直接匹配主题词"热带园林植物景观单元"（Landscape unit of Tropical Garden Plants）的国外文献，只有一些与热带植物及其园林应用相关文献。例如：Brandies《Landscaping with Tropical Plants（热带植物造景）》，主要论述热带花园的植物景观设计方法，并分类介绍了一些热带庭院常用观赏植物。Robert Lee Riffle《The tropical look：An encyclopedia of dramatic landscape plants（热带大观：一本引人注目的景观植物百科全书）》，作者以百科全书的方式分类介绍了热带花园中的观赏植物。《The Lyrical landscape（抒情的景观）》（Marx），为巴西著名园林景观设计师罗伯特·布勒·马克斯所著。书中介绍了他的风景园林作品和创作经验，其注重灵活运用大面积热带植物色块组织构图的手法，有利于形成富有韵律感和对比强烈的园林景观，对现代园林设计影响深远。

此外，随着国际学术交流的增加，中国学者近20年来参与了南美洲、北美洲和东南亚热带地区的园林和建筑设计研究，并发表了一些在国外的工作成

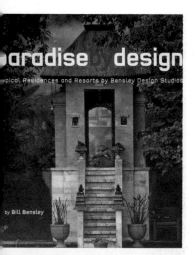

《Paradise by Design》封面

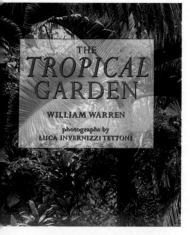

《The Tropical Garden》封面

果。其中，有关园林植物造景的论题多关注东南亚热带地区国家的园林植物种类、应用形式、配置状况等。例如：陈锡沐的论文《泰国主要的园林植物种类》，记录了泰国主要的园林植物种类，共计 50 科 216 属 402 种。安静、刘大昌的论文《论泰国曼谷与孔敬市热带地区园林植物造景的特点》，通过实地调研归纳了曼谷与孔敬市热带地区植物造景的特点。朱智的论文《泰国清迈园林植物的种类及其应用》，实地调查了泰国清迈府周边有代表性的园林绿地，初步查明清迈常用的园林植物品种，分析了其区系特点及其绿化配置特色。何建顺、宋希强的论文《新加坡热带园林植物景观设计初探》，对新加坡的植物景观进行了研究，归纳其植物景观设计的指导思想和设计手法。曾君、陈国勇的论文《中国西双版纳景洪与泰国清迈园林植物的比较研究》，从园林植物

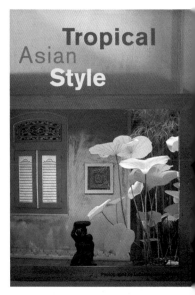

《Tropical Asian Style》封面

应用种类、形式、植物配置现状等方面，对西双版纳州景洪市区主要绿地和泰国北部城市清迈周边代表绿地进行了比较研究。这些论著成果，为探索我国热带地区的园林植物造景理论与实践研究提供了有益的借鉴。

新加坡植物园万代兰园景观

第 2 章　热带园林植物景观单元设计

2.1　热带园林植物资源及其景观特色

2.1.1　资源特点

世界上已知的高等植物资源约有 27 万种，其中约 15 万种分布在热带地区。据科学家们估计，在热带美洲分布约有 9.5 万种，主要在巴西亚马逊河流域。在热带非洲分布约有 3 万种，主要在刚果盆地。在热带亚洲分布约有 3.5 万种，主要在婆罗洲和中印半岛。我国已知的高等植物约有 3 万种，在世界各国中占第 3 位，在北半球国家中占第 1 位。

我国热带地区分布的植物种类占全国植物区系的 40%~50%。全国热带、亚热带地区共有种子植物 250 多科，近 3000 属，2 万多种。其中，属于世界广布的有 6 个科；属于热带性的有 157 个科，包括全热带性的有 50 个科；属于温带性的近 40 个科，其中归北温带的有 10 个科。受自然条件的影响，植被的热带区系成分越往南越普遍，往北则逐渐减少。岭南地区的植被类型有热带雨林、热带季雨林、红树林、亚热带季风常绿阔叶林、亚热带常绿阔叶林、亚热带针叶林及亚热带草地等。在这些植被类型中，比较主要的地带性原始森林植被有亚热带常绿阔叶林、亚热带季风常绿阔叶林、热带季雨林和热带雨林。

植物资源基于生境条件表现出的植被类型，均与原生植物群落有关。园林植物是具有观赏价值、且易栽培驯化、适应能力强的植物种类或者栽培变种。热带地区园林植物资源有以下特点：

1）植物区系地域性明显，特有的地带性植物种类多

热带地区所跨地域面积较大，不同纬度地区的植物资源条件不同，特有地带性园林植物可以作为不同地区植被的代表。

在我国热带分布的省区中，云南省、海南省和广东省的热带植物资源丰富最为丰富。其中，云南省的国土面积约占全国的 4.1%，所分布的植物约有 1.5 万种，占全国的 50%，是享誉世界的"植物王国"。云南热带地区面积约 8.1 万 km²，仅占全省面积的 21%，但所分布的植物有 6000~7500 种，占全省植物资源的 40%~50%。许再富教授（1996 年）曾指出：云南有药用植物资源 1100 种，

实用植物资源约 800 种，工业用植物资源约 600 种，保护和改造环境资源约 400 种，栽培植物野生类型及近缘种 200 种；全省野生植物资源约有 2000 多种，其中绿化美化环境的园林植物有兰科（*Orchidaceae*）、姜科（*Zingiberaceae*）、天南星科（*Araceae*）、苦苣苔科（*Gesneriaceae*）、棕榈科（*Palmae*）等。

海南省共有裸子植物 7 科 10 属 22 种，包括苏铁科（*Cycadaceae*）、罗汉松科（*Podocarpaceae*）、陆均松属（*Dacrydium*）等热带分布科属；被子植物 193 科 1380 属，约 3500 种，包括番荔枝科（*Annonaceae*）18 属 44 种，樟科 16 属 89 种，茜草科 41 属 130 种，爵床科 29 属 55 种等。地带性的典型植被类型为热带季雨林，含热带常绿季雨林和落叶季雨林。其他植被类型有：热带雨林、山地雨林、热带针叶林、热带草原和热带海滨砂生植被及红树林。天热植被主要由热带区系的植物组成，如梧桐科（*Sterculiaceae*）、大戟科（*Euphorbiaceae*）、棕榈科（*Palmae*）、桃金娘科（*Myrtaceae*）、桑科（*Moraceae*）、龙脑香科（*Dipterocarpaceae*）、蝶形花科（*Fabaceae*）、苏木科（*Caesalpiniaceae*）、无患子科（*Sapindaceae*）、楝科（*Sapindaceae*）、番荔枝科、夹竹桃科（*Apocynaceae*）等。

据统计，广东省有维管束植物约 6616 种（含变种），分隶于 1696 属，277 科。其中有蕨类植物 45 科、121 属、553 种，裸子植物 9 科、18 属、55 种，被子植物 223 科、1557 属、6008 种。这些植物属于热带的种类总计有 4837 种，占总数的 73%。广东热带森林植被的主要类型为热带雨林和季雨林。据《广东植物志》所载，广东有很多乡土植物观赏价值较高，如壳斗科（*Fagaceae*）中的狗牙锥（*Castanopsis faberi*）、罗浮锥（*C.faberi*）、紫玉盘柯 [*Lithocarpus uvariifolius*（Hance）Rehd.] 和木兰科（*Magnoliaceae*）的观光木（*Michelia odora*）、深山含笑（*M. maudiae*）、金叶含笑（*M. foveolata*）、广东含笑（*M. guangdongensis*）等观花观树形植物；槭树科（*Aceraceae*）、杜英科（*Elaeocarpaceae*）、梧桐科（*Sterculiaceae*）、金缕梅科（*Hamamelidaceae*）、大戟科（*Euphorbiaceae*）等观秋色叶植物等。此外，湛江市栽培的种子植物共有 138 科、565 属、1050 种。其中裸子植物 7 科、19 属、38 种，被子植物 131 科、546 属、1012 种。依乔、灌、草、藤四类生活型分，乔木 408 种、灌木 259 种、草本 346 种、藤本 37 种（含藤木 20 种）。

热带植物区系组成相当复杂，特有种类甚多。根据多年来我国热带地区城市建设对园林植物筛选和应用的情况统计，常见的热带植物科系见表 2-1。

表 2-1　热带地区园林绿化常见植物科系

科名	拉丁学名	基本性状	常见植物
杉科	*Taxodiaceae*	落叶或常绿的乔木或灌木	水杉、落羽杉、水松
木兰科	*Magnoliaceae*	落叶或常绿的乔木或灌木	白玉兰、紫玉兰、二乔玉兰
番荔枝科	*Annonaceae*	常绿或落叶，乔木、灌木或藤本	番荔枝
樟科	*Lauraceae*	常绿乔木或灌木	樟树
山茶科	*Theaceae*	常绿小乔木或灌木	山茶
桃金娘科	*Myrtaceae*	常绿乔木或灌木	野牡丹
梧桐科	*Sterculiaceae*	乔木或灌木，稀为草本或藤本	假苹婆，苹婆
木棉科	*Bombacaceae*	乔木	木棉，美丽异木棉
大戟科	*Euphorbiaceae*	乔木、灌木或草本，稀为木质或草质藤本	石栗，五月茶，秋枫，蝴蝶果
含羞草科	*Mimosaceae*	多为乔木或灌木，少数为草本植物	大叶相思，台湾相思，马占相思
苏木科	*Caesalpiniaceae*	乔木、灌木或稀为草本	洋紫荆，羊蹄甲，红花羊蹄甲，腊肠树
蝶形花科	*Fabaceae*	草本、灌木或乔木	降香黄檀，龙牙花，鸡冠刺桐
桑科	*Moraceae*	乔木或灌木，藤本，稀为草本	木菠萝，构树，高山榕
无患子科	*Sapindaceae*	乔木或灌木，有时为草质或木质藤本	龙眼，复羽叶栾树，荔枝
楝科	*Meliaceae*	乔木或灌木，稀为亚灌木	米仔兰
夹竹桃科	*Apocynaceae*	乔木，灌木或藤本，也有多年生草本	软枝黄蝉，黄蝉，夹竹桃
紫葳科	*Bignoniaceae*	乔木、灌木或木质藤本，稀为草本	凌霄，炮仗花
野牡丹科	*Melastomataceae*	草本、灌木或乔木	野牡丹，银毛野牡丹，巴西野牡丹
锦葵科	*Malvaceae*	草本、灌木至乔木	重瓣木芙蓉，朱槿，吊灯花
五加科	*Araliaceae*	乔木、灌木或木质藤本，稀多年生草本	孔雀木，八角金盘，圆叶南洋参
木犀科	*Oleaceae*	乔木，直立或藤状灌木	云南黄素馨，茉莉花
茜草科	*Rubiaceae*	乔木、灌木或草本	栀子，希茉莉，龙船花
爵床科	*Acanthaceae*	多年生草本或藤本，稀为灌木和乔木	驳骨丹，可爱花，金苞花
马鞭草科	*Verbenaceae*	常绿、落叶灌木或乔木，少为藤本或草本	赪桐，假连翘，花叶假连翘
菊科	*Compositae*	草本、亚灌木或灌木，稀为乔木	非洲菊，向日葵，大丽花，雏菊
龙舌兰科	*Agavaceae*	多年生草本	龙舌兰，金边龙舌兰，黄边百合竹
凤梨科	*Bromeliaceae*	陆生或附生草本	粉菠萝，火炬凤梨
芭蕉科	*Musaceae*	多年生草本，具匍匐茎或无	芭蕉
旅人蕉科	*Strelitziaceae*	乔木状，茎直立	旅人蕉，鹤望兰

第2章 热带园林植物景观单元设计

（续）

科名	拉丁学名	基本性状	常见植物
百合科	*Liliaceae*	多年生草本，很少为亚灌木、灌木或乔木	芦荟，天门冬，金边吊兰，蜘蛛抱蛋
天南星科	*Araceae*	草本植物，稀为攀援灌木或附生藤本	广东万年青，红掌，龟背竹，石菖蒲
仙人掌科	*Cactaceae*	多年生草本，少数为灌木或乔木状植物	金琥，仙人掌
兰科	*Orchidaceae*	陆生、附生或腐生草本，罕为攀援藤本	文心兰，蝴蝶兰，竹叶兰
海桑科	*Sonneratiaceae*	乔木或灌木	八宝树
棕榈科	*Palmae*	常绿灌木、藤本或乔木	假槟榔，三药槟榔，散尾棕
竹亚科	*Bambusoideae Nees*	常绿乔木或灌木状	凤尾竹，毛竹，粉单竹

2）植株造型奇特，多可观花、观叶、观果、有芳香气味的植物，观赏价值高

热带植物生长环境多为高温湿热多雨，为适应不同的生境，植物进化演变成多种习性。常在园林中应用的植物有许多树姿，叶形奇特，花朵鲜艳，果实诱人，气味芳香。其中常用的有：

① 观树姿植物：木兰科、桑科榕属、壳斗科、梧桐科、樟科、棕榈科、红树科（*Rhizophoraceae*）。

② 观花植物：木兰科、金缕梅科、杜鹃花科（*Ericaceae*）、夹竹桃科、木棉科（*Bombacaceae*）、蝶形花科、苏木科、紫葳科（*Bignoniaceae*）、野牡丹科（*Melastomataceae*）、山茶科（*Theaceae*）、锦葵科（*Malvaceae*）、兰科（*Orchidaceae*）、鸢尾科（*Iridaceae*）、蔷薇科（*Rosaceae*）、菊科（*Compositae*）。

③ 观叶植物：蕨类、苏铁科、木兰科、大戟科、棕榈科、禾本科（*Gramineae*）、芭蕉科（*Musaceae*）、姜科、含羞草科（*Mimosaceae*）、天南星科、竹芋科（*Marantaceae*）、石蒜科（*Amaryllidaceae*）。

④ 观果植物：无患子科、番荔枝科、冬青科（*Aquifoliaceae*）、忍冬科（*Caprifoliaceae*）、蔷薇科、葡萄科（*Vitaceae*）。

⑤ 芳香植物：木兰科、松科（*Pinaceae*）、芸香科（*Rutaceae*）、木犀科（*Oleaceae*）、蔷薇科、菊科、百合科（*Liliaceae*）、兰科。

3）植物群落多为复层结构，相互间存在着植物寄生、共生、绞杀现象

热带地区自然植物群落类型多，群落结构与组成复杂，群落的多层结构可分为乔木层、灌木层、草本及地被层。热带雨林的植被层次可达到6~7层以上，仅乔木就有2~3层。上层乔木可高达30~40m，树冠上攀援木质藤本，下层乔

木常伴生有耐阴木质藤本和附寄生植物；灌木层有灌木、藤灌、藤本及乔木幼苗或成片占优势的竹类；草本及地被层有草本植物、巨叶型草本、蕨类和一些乔灌草的幼苗；还有些外层的寄生和腐生植物（苏雪痕，1994年）。在园林植物应用方面，风景林地多模拟自然群落结构配置树种，适当优化群落植物的种类，使之适应城市绿化的功能需求，逐渐演替为近自然群落结构。

2.1.2 景观特色

1. 特殊树形的棕榈科植物景观

棕榈科植物种类繁多，生境各异，其分布带主要位于南北回归线之间的热带和亚热带地区。棕榈科植物优美的株型、婆娑的叶片、典雅的花果，极具观赏价值，有很高的文化品位和园林美学特征。棕榈科植物的大量运用，是热带园林营造的一大特色，在植物景观的配置方面几乎可与热带风情同义。

棕榈科植物可孤植，独木成景，也可片植成林或列植成行道树，营造优美浓郁的热带风光，是中国热带、南亚热带地区城市园林绿化植物中很重要的树种群。例如，椰子（*Cocos nucifera*）适宜栽植在海边沙滩、滨海地带片植，形成椰风海韵的南国风情；蒲葵（*Livistona chinensis*）、大王椰子（*Roystonea regia*）、棕榈（*Trachycarpus fortunei*）、鱼尾葵（*Caryota ochlandra*）等适合作行道树列植，形成整洁婆娑的热带树木景观；槟榔（*Areca catechu*）、假槟榔（*Archontophoenix alexandrae*）、桄榔（*Arenga pinnata*）适宜群植，形成好似南国桄榔山谷的独特景观。

棕榈科植物景观（广州星河湾住区）

广东新会"小鸟天堂"大榕树景观

2. 独木成林的榕属植物景观

桑科榕属植物树形高大，有粗壮的

支撑根和板根，使热带园林从植物景观上表现出了强烈的"热带个性"。桑科榕属植物中的小叶榕（*Ficus microcarpa*）、高山榕（*F. altissima*）、斜叶榕（*F. tinctoria*）的独特根系，有大量的下垂的气生根向下生长入土，地上部分经扶持后可逐渐形成"一木多干"，榕生长繁育为一片森林。小叶榕、菩提榕（*F. religiosa*）、高山榕、大叶榕（*F. virens var. sublanceolata*）常用作热带城市道路遮阴的行道树，树大荫浓，效果非常好。还有些灌木类的植物，如斑叶垂榕（*F. benjamina cv. Variegata*）、黄金榕（*F. microcarpa cv. Golden leaves*）等易于修剪，可作为绿篱、盆景或造型植物栽植。

海南呀诺达热带雨林景区

3. 独特的热带雨林植物景观

热带雨林地区的植物与温带、寒温带的植物相比，在观赏特性上有较明显的特征，如老茎生花、老茎结果、气生根现象、绞杀现象、板根现象、附生现象等。热带雨林中的植物全年都葱郁且茂盛，生长连续不间断，其中各类植物（如乔木、灌木、草本和藤本、附生植物）充分利用生存空间，组成了多层次的郁闭丛林，少则4~5层，多则达12层，上层乔木高度一般有30~40m，有的可到100m。所以，我国华南地区城市园林绿地多以热带自然植被群落为模板，模拟热带雨林、季雨林的结构特征，营造具有雨林特色的景观，丰富城市形象。例如，海南呀诺达热带雨林景区、亚龙湾热带天堂森林公园，运用原始植被和园林常用植物营造出瑰丽、热烈的热带雨林植物景观。其中，呀诺达热带雨林景区内共有1400多种乔木、140多种南药、80多种热带观赏花卉和几十种热带瓜果，苔藓、地衣、气生兰等密密麻麻地附生在高大的乔木、灌木或者藤本植物的树干和树枝上，共同组成了"空中花园"。

4. 常绿阔叶林景观为主，兼有少量观赏型落叶植物景观

热带地区的自然植被以常绿阔叶林为主，风景园林营造多采用具有多层次热带景观的人工植物群落以充分体现热带风光。常用的常绿阔叶林树种有：樟树（*Cinnamomum camphora*）、观光木（*Michelia odora*）、醉香含

海南亚龙湾热带天堂森林公园

笑（*Michelia macclurei*）、大叶相思（*Acacia auriculiformis*）、马占相思（*A. mangium*）、木荷（*Schima superba*）、油茶（*Camellia oleifera*）、白千层（*Melaleuca leucadendron*）、尾叶桉（*Eucalyptus urophylla*）、台湾相思（*Acacia confusa*）、木菠萝（*Artocarpus heterophyllus*）、秋枫（*Bischofia javanica*）、印度紫檀（*Pterocarpus indicus*）、高山榕（*Ficus virens var. sublanceolata*）、小叶榕、琴叶榕（*F. pandurata*）、橡胶榕（*F. elastica*）、黄梁木（*Neolamarckia cadamba*）、人面子（*Dimocarpus longan*）、糖胶树（*Alstonia scholaris*）等。

落叶种植物通过叶色变化和脱落，能体现四季周期性的季节变化，春天抽枝发芽，夏天开花，秋季结果，叶色变化为黄色或者红色，冬天落叶。热带地区园林中常见的落叶乔木植物有：落羽杉（*Taxodium distichum*）、水杉（*Metasequoia glyptostroboides*）、木棉（*Bombax ceiba*）、美丽异木棉（*Ceiba speciosa*）、凤凰木（*Delonix regia*）、腊肠树（*Cassia fistula*）、大叶紫薇（*Lagerstroemia speciosa*）、朴树（*Celtis sinensis*）、大叶榕（*Ficus virens var. sublanceolata*）、细叶榄仁（*Terminalia neotaliala*）、降香黄檀（*Dalbergia odorifera*）、刺桐（*Erythrina variegata*）、龙牙花（*Erythrina corallodendron*）、鸡冠刺桐（*Erythrina crista-galli*）、枫香（*Liquidambar formosana*）、垂柳（*Salix babylonica*）、苦楝（*Melia azedarach*）、台湾栾树（*Koelreuteria henryi*）、乌桕（*Triadica sebiferum*）、铁刀木（*Cassia siamea*）等。常见的落叶小乔木有：黄花风铃木（*Tabebuia chrysantha*）、鸡蛋花（*Plumeria rubra*）、白玉兰（*Magnolia denudata*）、紫玉兰（*M. liliiflora*）、二乔玉兰（*Magnolia × soulangeana*）等。常见的落叶灌木多是小型观花植物，有毛杜鹃（*Rhododendron × pulchrum*）、翅果决明（*Cassia alata*）、朱樱花（*Calliandra haematocephala*）、小叶紫薇（*Lagerstroemia parviflora*）等。另外，也有半常绿乔木红花羊蹄甲（*Bauhinia blakeana*）、宫粉羊蹄甲（*B. variegata*）、塞楝（*Khaya senegalensis*）、黄槐（*Cassia surattensis*）、菩提榕、柚木（*Tectona grandis*）、假萍婆（*Sterculia lanceolata*）等。

第2章 热带园林植物景观单元设计

5. 花大、色艳、芳香、大叶、彩叶的木本植物景观

在热带地区，大花和彩叶植物的种类非常丰富。园林绿化工程大量应用具有花大、色艳、具有香味、彩叶等特色的木本植物，如蝶形花科、苏木科、木棉科、木兰科、紫葳科、夹竹桃科、桃金娘科、茜草科（*Rubiaceae*）、马鞭草科（*Verbenaceae*）、姜科、大戟科、桑科植物等。热带观花观叶植物景观群落能集中体现热带园林"繁花似锦""绚丽多彩"的热带风光，大大增强了热带园林景观的表现力。

热带常绿阔叶林景观（南宁青秀山）

6. 热带植物专类园景观

热带植物资源丰富，同科同属植物多，热带植物专类园是一种强调热带植物造景的园林形式，也是分类展示热带植物的最好场所。既有丰富的植物景观、明确的景观主题，又是相关植物种质资源保存和科研的重要基地（黎伟等，2010年）。一般将生活习性相似的同类植物或外形功能相似的同科属植物种植在一起，建立不同主题的专类园。如人工热带园林、孑遗植物专类园、竹类专类园、藤本植物专类园、木兰科植物专类园、姜科植物专类园、兰科植物专类园、仙人掌及多浆植物专类园、阴生植物专类园、药用植物专类园、芳香植物专类园和热带水生植物专类园等，都是热带地区常见的植物专类园。

7. 滨海红树林植物景观

红树林是位于热带和亚热带地区海岸潮间带滩涂上生长的木本植物群落。其中，红树植物又可以分为真红树植物和半红树植物。陆生的半红树植物可以广泛应用于热带、亚热带的海滨城市和景区中的道路绿化、公园绿化等地。红树植物大多为中小乔木、灌木，以常绿植物为主，其胎生果实的胚芽（种子里的幼小植株）生长成熟后相继突破种皮和果实壁后仍附于母树上。红树植物成年后，就能够形成较稳定的景观效果，其观树形、观叶、观果等效果都要比一般陆生植物能够维持的时间长得多，能够营造具有典型滨海特色的滩涂植物景观。园林应用乔木：黄槿（*Hibiscus tiliaceus*）、海芒果（*Cerbera manghas*）、水黄皮（*Pongamia pinnata*）等。

热带彩叶植物景观（变叶木，广州珠江公园）

热带观花植物景观（凤凰木，广州，华南农业大学）

热带专类植物园景观（南宁，青秀山兰园）

8. 热带佳果植物景观

热带佳果植物以其果实为主要观赏对象，因果形奇特，观赏期长，部分种类可以食用而日益受到人们青睐（李璇，2014 年）。如被称为岭南佳果的荔枝成片栽植，既可以在春天观赏红色的嫩叶，春末夏初开花，夏季结果，串串红果挂在枝头的壮美景观。还有，一些食用型的热带水果如椰子（*Cocos nucifera*）、木菠萝（*Artocarpus heterophyllus*）、龙眼（*Dimocarpus longan*）、芒果（*Mangifera indica*）、番石榴（*Psidium guajava*）、番木瓜（*Carica papaya*）、杨桃（*Averrhoa carambola*）、洋蒲桃（*Syzygium samarangense*）、柚子（*Citrus maxima*）、芭蕉（*Musa basjoo*）、火龙果（*Hylocereus undatus*）等具有很高的经济和观赏价值，还能体现热带地区果实累累的景观。以观赏为主的果实，如吊瓜树（*Kigelia africana*）、腊肠树（*Cassia fistula*）、猫尾木（*Markhamia stipulata*）、第伦桃（*Dillenia indica*）、红果仔（*Eugenia uniflora*）等。

9. 热带沙生植物景观

热带园林中常以仙人掌科、多浆植物及相似生境的热带植物为主模拟营造沙漠植物景观。这些沙生植物景观常出现在干旱高温的沙漠或高原地区，在城市园林绿化中应用较少。其中，灌木型植物景观主要以沙生植物专类园和多肉多浆植物专类园的形式出现，乔木型植物景观如木麻黄、红刺林投、鸡蛋花、猴面包树、象腿树等在园林绿化中应用广泛。

2.2 热带园林植物景观单元基本类型

所谓"植物景观单元",从理论上说就是典型植物景观的配置模式。本书研究按照植物生态习性特点,将热带园林植物造景分为不同的植物景观单元,并结合在华南热带地区实地调研常见的园林绿地典型的植物景观,分析、梳理各类热带园林植物景观营造的构成方式及典型配置模式,进而对具有相同特征的植物景观单元进行归纳,提取相应的景观结构类型。

植物景观单元应用是通过选用基本景观单元的结构类型,确定适当的园林植物,选用必要的种植方法形成理想的植物配置模式。在植物景观设计过程中,根据植物景观呈现出的观赏特征和植物配置的组合结构,抽象简化其植物配置的主调植物类型和配景植物特征,归纳得出 10 类植物景观单元和 28 类植物景观模块,如表 2-2 所示。

表 2-2 热带园林植物景观单元分类表

序号	植物景观单元类别	植物景观模块	植物配置形式
I	A 乔木类景观单元	A$_I$ 棕榈科乔木模块	点状孤植、散点状群植、带状群植、片状群植、树群矩阵
		A$_{II}$ 榕属乔木模块	点状孤植、散点状群植、带状群植、片状群植、树群矩阵
		A$_{III}$ 观花乔木模块	点状孤植、带状群植、片状群植、树群矩阵
		A$_{IV}$ 观果乔木模块	点状孤植、带状群植、片状群植
		A$_V$ 观叶乔木模块	点状孤植、带状群植、片状群植、树群矩阵
		A$_{VI}$ 红树类乔木模块	片状群植
II	S 灌木类景观单元	S$_I$ 观花灌木模块	片状群植、带状群植、散点状群植
		S$_{II}$ 观果灌木模块	片状群植、带状群植、散点状群植
		S$_{III}$ 观叶灌木模块	片状群植、带状群植、散点状群植
		S$_{VI}$ 红树类灌木模块	带状群植、片状群植
III	V 藤本类景观单元	V$_I$ 观花类藤本模块	带状群植、散点状群植
		V$_{II}$ 观叶类藤本模块	片状群植、带状群植
IV	B 竹类景观单元	B$_I$ 观叶竹类模块	片状群植、带状群植
		B$_{II}$ 观干竹类模块	散点状群植、带状群植
V	H 草本类景观单元	H$_I$ 观花草本模块	片状群植、带状群植、散点状群植
		H$_{II}$ 观叶草本模块	片状群植、带状群植、散点状群植
		H$_{III}$ 草坪模块	片状群植
		H$_{IV}$ 水生草本模块	片状群植、带状群植、散点状群植
VI	A-S 乔灌类景观单元	A$_I$/A$_{II}$-S$_{III}$ 棕榈科/榕属乔木 - 观叶灌木模块	点状孤植、带状群植、片状群植、树群矩阵
		A$_{III}$/A$_{IV}$/A$_V$-S 观花/观果/观叶乔木 - 灌木模块	带状群植、片状群植、树群矩阵

滨海红树林植物景观（澳门生态一区）

热带佳果植物景观（荔枝）

热带沙生植物景观（深圳仙湖植物园）

在园林设计中，植物景观单元可理解为具有主调植物特征的模块化种植结构类型的基本单元，分别为乔木类景观单元、灌木类景观单元、藤本类景观单元、草本类景观单元、乔灌类景观单元、乔草类景观单元、灌草类景观单元、乔灌草类景观单元和拟自然式植被景观单元。

植物景观模块是植物景观单元的组成要素。例如，在乔木类植物景观单元下有六类植物景观模块，分别为棕榈科乔木模块、榕属乔木模块、观花乔木模块、观果乔木模块、观叶乔木模块和红树类乔木模块。这些乔木模块作为植物配置方式，通过合理的种植设计，就能形成具有热带特色的植物景观。在实践中，植物景观模块的平面组合方式主要有点状、线状、面状、环形、阵列及自由曲线等多种形式，结合同种植物的单株或多株组合，不同种植物的多株组合或高低组合，不同叶色或花色的植物组合等，能形成多样统一的植物景观配置形式。如点状孤植、带状群植、片状群植、散点状群植、树群矩阵等。此外，植物景观模块可以通过多种植物配置形式形成不同的植物景观。如用一株榕属乔木做点状孤植，可形成"独木成林"的景观；将10株以上同种棕榈科乔木做带状群植，可形成疏朗通透的行道树景观。

2.2.1 乔木类景观单元

乔木类景观单元是以乔木为主调树种，通过不同数量和植物种类的搭配组合形成的景观单元。它是热带地区城市绿化基调树种规划的核心内容，可奠定城市园林绿化景观风格的基本格调。其中，乔木类景观单元又可分为棕榈科乔木模块、榕属乔木模块、观花乔木模块、观果乔木模块、观叶乔木模块和红树类乔木模块。

1. 棕榈科乔木模块

棕榈科乔木模块是热带城市园林绿化特有且应用较广的植物景观单元，常用于广场、公园、城市主干道路的绿化工程中。

棕榈科植物是单子叶植物中唯一具有乔木习性、有宽阔的叶片和发达维管束的植物类群，全世界约有 210 属 2800 种，我国约有 28 属 100 余种（含常见原产种和驯化种），是热带地区最重要的植物代表科之一。棕榈科乔木模块的特点是：树形挺拔高大，多巨型或大型叶片，花序优美独特，果实成串，形成独特的观赏效果，能充分体现热带地域景观特色。棕榈科乔木因其抗台风、耐高温、耐潮湿、耐干旱、寿命长、易修剪、主干直、分枝高而整齐等优点，广泛应用于华南热带城市的园林绿地建设中。

棕榈科乔木模块　　　　　棕榈科乔木模块　　　　　棕榈科乔木模块

中山市兴中道以棕榈科乔木为主景的绿化景观

棕榈科乔木模块组合常用对称、重复和韵律的种植设计方法，构成独具特色的椰林大道、椰树广场、大王椰子绿道、海枣树阵广场、槟榔谷树群等景观。其代表树种有棕榈、蒲葵、椰子、大王椰子、假槟榔、油棕、银海枣、霸王棕、三角椰子、狐尾椰子、董棕、鱼尾葵、加那利海枣等。

2. 榕属乔木模块

榕属乔木模块是一类热带地区常见且有多种观赏价值的乔木景观单元。

桑科榕属植物是一类具有多种观赏价值的树木，主要分布于热带和南亚热带地区，是整个热带植物区系中最大的木本属之一，在我国约有98种，3亚种，43变种和2变型。《广东植物志》（第一卷）收录了38种12变种。榕属乔木模块的特点是：普遍具有树冠开展、一树多干、气生根发达的观赏特性，生态适应能力强，树龄寿命长。桑科榕属植物在华南热带地区被广泛应用，是常见的古树名木树种之一。例如，广东新会的"小鸟天堂"景区就是由一株小叶榕经过繁衍生长而形成的大片树林；还有广州越秀公园中的百年古榕，树冠参天，根系覆盖整个城墙，形成一道独特的景观，成为具有历史文化意义的景点之一，见证了城市的历史变迁。

榕属乔木模块（小叶榕）

榕属乔木模块应用——孤植（小叶榕）

榕属乔木模块应用——散点状群植（小叶榕）

榕属乔木模块应用——行道树（高山榕）

榕属乔木模块可通过多种配置方式形成独特的孤植树景观、浓绿荫凉的林荫道景观、规整的树阵广场景观、固土保水的民居风水林景观等。其代表性树种有小叶榕、高山榕、大叶榕、垂叶榕、橡胶榕、菩提榕、琴叶榕等。

3. 观花乔木模块

观花乔木模块是树形高大、枝叶繁茂、花色艳丽、香气怡人、观赏性强的观花乔木总称，是城市园林绿化中最亮丽的一道风景。该模块的基本观赏特点是：乔木花朵形态各异、色彩多样、季节性强。多数热带开花乔木的花期较长，有的能一年多次开花，花期繁盛时节为最佳观赏期，在乔木类景观单元中对城市景观的美化效果最强。

观花乔木模块在热带城市园林绿地中应用广泛，表现出热烈、缤纷的热带风情，成为营造城市特色、丰富景观色彩、展现季相变化的重要园林素材之一。观花乔木也可作为城市形象的代表，如香港市花洋紫荆、广州市花木棉、汕头市花凤凰木等。在城市绿化建设中，观花乔木模块多应用在重要景观节点，如公园入口、道路转弯处、建筑前庭或滨水绿地等。该模块通过点状孤植、带状群植、树群矩阵、片状群植的配置方式，可形成独特造型的孤植树、花团锦簇的林荫道、挺拔秀丽的树群矩阵、繁花似锦的风景林等特色景观。其中，观红色花的乔木有木棉、红花羊蹄甲、鸡冠刺桐、刺桐、红花鸡蛋花、凤凰木、火焰木、龙牙花、串钱柳等；观黄色花的乔木有黄兰、黄槐、腊肠树、铁刀木、无忧花、相思、大花第伦桃、黄花风铃木等；观白色花的乔木有木油桐、白兰、香木莲、荷花玉兰、醉香含笑、鸡蛋花、台湾鱼木、八宝树、尖叶杜英、水石榕、萍婆、南洋楹等；观蓝紫色花的乔木有大花紫薇、蓝花楹等。

4. 观果乔木模块

观果乔木模块是以呈现挂果期间果实累累景观为主要观赏特征的果树类乔木。其基本特点是：多为热带地区重要的经济水果植物，观赏期为果实成熟期，具有观赏时间长、果实大且色彩鲜艳、形状奇特等特点。观果乔木模块的配置形式多为点状孤植、带状群植、片状群植。

常见的热带观果乔木有：吊瓜树、人心果、扁桃、芒果、荔枝、龙眼、橄榄、人面子、枫香、腊肠树、海红豆、木棉、铁冬青、番石榴、蒲桃、洋蒲桃、水黄皮、猫尾木、萍婆、大花第伦桃等。

5. 观叶乔木模块

观叶乔木模块是以树冠整体形态和叶色变化为观赏特征的乔木。其基本特

香港市花——红花洋紫荆

广州市花——木棉

汕头市花——凤凰木

观花乔木模块应用——孤植

观花乔木模块（羊蹄甲）

观花乔木模块应用——片状群植（洋紫荆）

观花乔木模块应用——片状群植（串钱柳）

华南农业大学校园内洋紫荆林景观

观果乔木（吊瓜树）

观果乔木模块——荔枝

点是：观赏树木独特叶形，叶色变化较多，叶片有条纹、斑点或不规则的色彩；甚至叶面和叶背的颜色不同（叶背常见有银色或锈色绒毛）。有的树种嫩叶和秋色叶为红色或黄色，叶色可体现季相变化，具有较高的观赏价值。

　　观叶乔木模块的配置形式灵活多样，种类繁多，是在各类园林绿地中应用数量最大的景观单元。它可通过点状孤植、带状群植、片状群植、树群矩阵等种植方式，形成具有观赏性树姿的孤植树、叶色多变的林荫道、季相变化明显的风景林等植物景观。例如，广州华南植物园的"龙洞琪林"景点，就是由一片种植在水边的尖塔状落羽杉林营造而成，很有气势。

　　华南热带地区常用的观叶乔木有：竹柏、罗汉松、华盖木、荷花玉兰、金叶含笑、短序润楠、樟树、银桦、串钱柳、假萍婆、黄槿、秋枫、血桐、木油桐、马占相思、大叶相思、南洋楹、银合欢、羊蹄甲、木菠萝、幌伞枫、黄梁

观果乔木模块应用——片状群植（荔枝）

观叶乔木模块——荷花玉兰

观叶乔木模块应用——带状群植（人面子）

观叶乔木模块应用——带状群植（凤凰木）

观叶乔木模块应用——行道树（小叶榄仁）

木等。观秋色叶乔木有：乌桕、枫香、复羽叶栾树、朴树、楝树、大叶紫薇、降香黄檀等。宜林植的观叶乔木有：南洋杉、马尾松、杉木、水松、水杉、落羽杉、竹林、尾叶桉、柠檬桉、肉桂、木油桐、梅、大叶相思、马占相思林、木麻黄、龙眼、荔枝等。

6. 红树类乔木模块

红树类乔木模块是以热带和亚热带地区海岸潮间带滩涂上生长的木本植物为单元的模块。观赏特点是奇特的叶形、花型、果实都与其他园林绿化乔木不同，生长的环境也有很大差别。华南地区靠近海边的城市很多，海岸滩涂地区要经过人工栽培才能生长的红树植物，经过多年的自我繁殖，逐渐形成具有典型滨海特色的滩涂植物景观。

在海滨滩涂上生长的红树类乔木多采用片植方式与海岸线形成良好的呼应关系。常见的红树类乔木有：秋茄树、桐花树、木榄等。陆生红树类乔木经过多年的驯化已经可以与其他的园林植物一起搭配，常见的陆生红树乔木有：海芒果、黄槿、水黄皮等。在深圳红树林保护区、大亚湾红树林公园、香港湿地公园、湛江红树林国家级自然保护区、广州南沙湿地、澳门生态保护区等地都栽培有大量的红树林植物，对华南沿海地区的生态保护做出了很大贡献。

2.2.2　灌木类景观单元

热带园林植物中的灌木种类繁多，其姿态多样、花色多彩、叶色多形、香味多变，成为体现植物景观多样性的重要内容和园林造景要素。灌木类景观单元多以冠形丰满稳定、花繁叶茂，适合近距离欣赏的灌木为主，通过不同数量和方式的植物配置形成特色景观。它作为热带园林植物造景的基础种植层，衔接乔木层和草本层，其植株可做整形修剪成绿篱状、绿墙状或动物造型等。

灌木类景观单元一般由观花灌木模块、观果灌木模块、观叶灌木模块和红树类灌木组合构成。

1. 观花灌木模块

观花灌木模块是以植株花大、色艳、芳香型为主的灌木种植单元。热带地区观花灌木的特点是开花时间长、花色鲜艳、许多花木还有浓郁的香味，有利于营造和烘托热带地区气氛。观花灌木株型有高杆型、丛生型、球型、匍匐型、花篱等多种形式。观花灌木模块根据株型、数量和观赏特点组成多种配置方式，适用于中低植物层。多数花色鲜艳的灌木为喜阳植物，如小叶紫薇、软枝黄蝉、红绒球、洋金凤等；部分半耐阴的灌木花色浅、有芳香气味，如九里香、悬铃花、米仔兰等。

观花灌木模块的花色有白色、黄色、红色、紫色、蓝色、粉色、橙色及多色花纹等。常用的红色观花灌木有大红花、簕杜鹃、红绒球、龙船花、小叶紫薇、琴叶珊瑚、山茶、红花檵木、悬铃花等；白色观花灌木有栀子、九里香、六月雪、福建茶、灰莉；黄色观花灌木有软枝黄蝉、硬枝黄蝉、米仔兰、金边决明、黄花朱槿、金苞花等；橙色观花灌木有洋金凤、鸟尾花；粉色观花灌木

红树类乔木模块（海芒果）

红树类乔木模块应用——行道树（水黄皮）

有夹竹桃、粉纸扇、春花、粉扑花、锦绣杜鹃等；蓝紫色观花灌木有可爱花、硬枝老鸦嘴、花叶假连翘、鸳鸯茉莉。

2. 观果灌木模块

观果灌木模块是以果实鲜艳且植株表层覆盖面大、挂果时间长、自然株型为主的灌木种植单元，常作为主景植物配置的前景，与其他乔木和草本搭配使用。华南地区常见盆栽年橘、佛手、朱砂根对置门口，取吉祥如意、招财进宝之意。常用的观果灌木有：红果仔、十大功劳、南天竺、天门冬、佛手、柚子、金橘、梅、朱砂根等。

3. 观叶灌木模块

观叶灌木模块是以叶形奇特、叶色多变、植株易修剪造型为主的灌木种植单元，常以带状群植、片状群植、散点状群植的形式配置于公园入口、重要景点、道路旁、草坪上，多与其他乔木和草本植物搭配应用。观叶灌木模块的特点是：叶色变化多，有金叶、红叶、斑叶、洒金叶等品种；叶形多样，有较高观赏价值的自然株型或经整形为球状、绿篱状，常作为配景或背景应用在建筑、置石或园路交叉口处。例如，华南城市园林中多用几株苏铁、散尾葵与黄蜡石配置在一起，构成生动的景观。常用的观叶灌木有：散尾葵、苏铁、三药槟榔、鱼骨葵、酒瓶椰子、软叶针葵、散沫花、金叶假连翘、黄金榕、福建茶、红背桂、变叶木、鹅掌柴、花叶良姜、朱蕉等。

4. 红树类灌木模块

红树类灌木模块是以常见滨海红树类植物为主的种植单元，常以带状群植、片状群植形式配置于滨海滩涂区域和近海区域礁石附近。常见红树类灌木有白骨壤、老鼠簕、木榄、草海桐等。

2.2.3 藤本类景观单元

藤本类景观单元由应用于棚架、花架和建筑墙体的观花类木质藤本，或匍匐于山石、地面、水边的观叶类藤本植物所构成。其特点是占用土地少，绿化面积大，立面绿视率高，花期色彩装饰效果好。

1. 观花类藤本模块

观花类藤本模块多将植株以攀援附生的方式散植于建筑墙角,让植物用吸盘或卷须自下而上攀附布满整个墙体,形成花叶覆盖的景观。藤本植物多种植于棚架或花架周边,顺势而上,覆盖整个建筑侧面和顶部空间,构成繁花似锦、绿荫匝地的立体绿化景观。华南地区植物造景常用的观花类的藤本植物有:珊瑚藤、白花油麻藤、使君子、炮仗花、金杯藤、西番莲、紫藤等。

广州华南植物园的"龙洞琪林"景观

2. 观茎叶类藤本模块

观茎叶类藤本模块多以片状群植形式配置于亭廊、墙垣、山石旁或水边,用植株蔓茎和枝叶覆盖形成基础绿化的景观,或攀爬建筑墙面、构筑物或钢丝网上,形成覆盖之势。观叶类藤本模块常用作配景以衬托主景,例如,锦屏藤茎长而垂挂覆地,可形成独特的垂帘景观;用英石和绿萝、龟背竹、黄蜡石和云南黄素馨等配置构成特色景观。

香港湿地公园红树林保护区——片状群植

2.2.4 竹类景观单元

竹类景观单元多选用竹类植物丛植作为建筑和山石的配景,或将竹子群植作为观赏花木和建筑的背景。也有用竹子沿道路、墙体列植形成夹景,或者片植形成竹林景观。

1. 观叶竹类模块

观叶竹类模块多为丛生型竹类,叶色青翠,多片状群植或带状群植于林地或水边作为背景。华南热带地区观赏价值较高的观叶竹类有:小琴丝竹、凤尾竹、唐竹等。

2. 小型竹类模块

小型竹类模块定义为较低矮的丛生型或单生型竹类景观,多散点状片植或带状片植于园林建筑周边,与山石、漏窗、景墙搭配形成配景。华南观赏价值

深圳红树林公园红树林景观——片状群植

丛生型观花灌木模块（山茶）

观果灌木模块（金橘）

整形式观花灌木模块（红绒球）

观果灌木模块应用——丛植（阔叶十大功劳）

第 2 章　热带园林植物景观单元设计

观花灌木模块应用——片状群植（黄花夹竹桃）

观花灌木模块应用——片状群植（赪桐）

观花灌木模块应用——散点状群植（山茶）

观花灌木模块应用——带状群植（朱瑾）

观叶灌木模块——黄金榕

观叶灌木模块——散尾葵

观叶灌木模块应用——花坛（红花檵木、金叶假连翘）

观叶灌木模块应用

观叶灌木模块应用——植物迷宫（福建茶）

观叶灌木模块应用（苏铁）

红树类灌木模块（草海桐）

红树类模块应用——片状群植（草海桐）

较高的小型竹类有：青皮竹、大佛肚竹、黄金间碧玉竹、龟甲竹、粉单竹等。

2.2.5 草本类景观单元

草本类景观单元是以草本植物为材料，采用片状群植或带状群植形成花带、花境和花坛等景观。其构成要素大致可分为四种模块：

1. 观花草本模块

观花草本模块是以观赏草本植物整体花色为主的种植单元，多应用于公园山坡地、疏林草地边缘、道路两侧或花坛中，采用带状群植、片状群植形式构成花境、花带或模纹花坛等。常用的喜阳性观花草本植物有：醉蝶花、长寿花、石竹、何氏凤仙、蔓花生、向日葵、万寿菊、孔雀草、金鱼草、夏堇、朱顶红等。耐阴性观花草本植物有：蜘蛛兰、蝴蝶兰、文心兰、大花蕙兰、红掌、白掌、鸢尾等。

第2章 热带园林植物景观单元设计

藤本植物景观 藤本类植物攀附于建筑形成的景观——地锦

观花类藤本模块（簕杜鹃） 观花类藤本模块应用——攀附构筑物（西番莲）

观花类藤本模块应用（白花油麻藤） 观花类藤本模块应用（紫藤）

观叶类藤本应用（爬山虎） 观叶类藤本应用（锦屏藤）

观叶竹类模块应用——片植

观叶竹类模块应用——带状群植

观叶竹类模块应用——带状群植

观花草本模块（蜘蛛兰）

观叶竹类模块应用——带状群植

节日摆花花坛（大立菊、鸡冠花、何氏凤仙、秋海棠）

观花草本模块应用——片植（葱兰）

红掌搭配黄蜡石景观 　　　　　　　　　　观花草本模块应用——片植（郁金香）

2. 观叶草本模块

观叶草本模块是以观赏草本植物叶形、叶色和整体面貌为主的种植单元，多用于乔木林下空间、疏林草地边缘和道路两侧，采用带状群植和片状群植方法形成花境、模纹花坛、林下地被等景观。热带地区观叶草本模块的特点，一是喜欢湿润潮湿的林下环境，耐阴性好、观赏性强的草本植物能最大限度地改善环境质量，增加植被种植层次；二是喜欢强阳性环境的草本植物多具有鲜艳的叶色，观赏时间长，生长适应性强。常用的耐阴性观叶草本植物有：翠云草、铁线蕨、肾蕨、假蒟、蜘蛛兰、海芋、合果芋、紫背竹芋、银边山菅兰、玉龙草、假银丝马尾、小蚌兰、蜘蛛抱蛋、紫鸭跖草、网纹草、花叶冷水花等。常用的喜阳性观叶草本植物有：红苋草、大叶红草、彩叶草、火炬凤梨、芭蕉、鹤望兰、花叶良姜、花叶美人蕉等。

3. 草坪模块

草坪模块是用一种或多种观赏草片状种植所形成的景观，多用于园林里地势平坦或有微地形起伏的地方，可与乔木搭配形成疏林草地景观。华南热带城市常用的草坪植物有：大叶油草、结缕草、玉龙草、麦冬、沿阶草等。

4. 水生草本模块

水生草本模块是以挺水、浮水型水生植物与周边环境形成的滨水植被景观，能有效改善水体环境景观效果，丰富城市空间形象。常用水生观花植物有：荷花、睡莲、水生美人蕉、再力花、香蒲、菖蒲、海芋、风车草、水葱、梭鱼草等；观叶水生类植物有：王莲、狐尾藻、香蒲、菖蒲、海芋、风车草、水葱等。

观叶草本模块（紫背竹芋）

观花草本模块应用——草花组合花坛

观叶草本模块应用——片状群植（冷水花、三色竹芋）

草坪模块（大叶油草）

观叶草本模块应用——孤植（黄丽鸟蕉）

草坪模块应用——疏林草坪

庭院水景配草坪

2.2.6　乔灌类景观单元

乔灌类景观单元是指以乔木为主景，灌木为配景的植被景观类型。乔木生态性状不同，配置灌木数量和种类各异，可形成不同风格的乔灌配置景观模块。

1. 棕榈科 / 榕属乔木——观叶灌木模块

热带地区代表性的乔 - 灌搭配方式有如高大棕榈科乔木和观叶灌木搭配，高低、色彩、形态变化明显，富有观赏性。例如，用棕榈科乔木模块（大王椰子、假槟榔、狐尾椰子、三角椰子等）几株至数十株丛植作为背景植物，前景植物用棕榈科小乔木（旅人蕉、棕榈、散尾葵、三药槟榔、美丽针葵、棕竹等）或大灌木（苏铁、澳洲鸭脚木、黄金香柳、斑叶垂榕等），搭配山石和低矮的彩叶灌木特色植物景观。

观叶草本模块应用——片植模纹花坛（红苋草）

榕属乔木枝叶茂盛，树冠如伞形张开，配置片植小灌木，形成典型的热带地区常见的植物景观。例如，以榕属乔木模块（小叶榕、黄葛榕、高山榕、琴叶榕、橡胶榕等）一株或几株作为主景，配置耐阴或半耐阴灌木（红背桂、鹅掌藤、灰莉等），可形成典型的热带植物景观。

水生草本模块应用——带状群植（花叶芦竹）

2. 观花 / 观果 / 观叶乔木——观叶 / 观花灌木模块

热带地区的观花、观叶、观果乔木色彩丰富，观赏时间长，资源丰富，以乔木为主，灌木为辅的搭配形式应用非常广泛。乔灌木的搭配形式也灵活多变。从观赏特色来说，在植物搭配上有多种组合方式。利用乔 - 灌搭配模块可以形成观赏价值高、时间长的植

水生草本模块应用物景观——片状群植（荷花）

物组合模式。观花乔木可搭配不同花期的花灌木，形成多季节观赏景观。常绿乔木和观赏色叶的乔木按照一定的比例搭配，用色叶植物作为基层植物，高干开花灌木或小乔木做前景，即可形成多层次配置的植物景观。例如，用观花乔木模块（鸡蛋花、紫玉兰、白玉兰、黄槐）几株群植为主景，前景配置整形修剪的竹芋、毛杜鹃、红绒球、红花檵木等形成小乔木和灌木组合景观。

棕榈科／榕属乔木——观叶灌木模块（大王椰子——旅人蕉——金叶假连翘）

棕榈科／榕属乔木——观叶灌木模块（琴叶榕——鹅掌藤）

2.2.7　乔草类景观单元

乔草类景观单元常见于道路绿地和疏林草地，上层多以乔木为主景，下层为草本地被植物，形成中层视线开敞的绿化空间，常用于为游人提供活动休息的开阔场地绿化或需要视线通透的林荫大道。此外，一些纯林和混交林组合也属于该类景观单元。

1. 棕榈科／榕属乔木——观叶草本模块

"棕榈科／榕属乔木——观叶草本模块"是热带城市道路绿化和公园景观节点植物搭配的主要方式。棕榈科植物和榕属植物都较为高大，低矮的观叶植物主要起到衬托作用，一般棕榈科乔木搭配喜阳的草本植物；如大王椰子、假槟榔、鱼尾葵搭配大叶红草、雪茄花、何氏凤仙等；而榕属的乔木搭配耐阴性较强的草本植物，如高山榕、黄葛榕、橡胶榕搭配冷水花、小蚌兰、蜘蛛兰、海芋、白蝴蝶合果芋等。

2. 观花／观果／观叶乔木——观花／观叶草本模块

该模块主要应用于公园绿地的景观节点中，是重要的植物搭配的方式。一般观花乔木搭配灵活，可搭配观叶灌木或观花灌木，观赏效果佳，如凤凰木、鸡蛋花、单色鱼木、无忧花、火焰木、羊蹄甲等常见开花乔木搭配何氏凤仙、雪茄花、矮牵牛、天门冬、金鱼草、五星花等；观果乔木多为季节性观赏植物，主要搭配观叶类型的草本，偶尔搭配观花草本，如荔枝、龙眼、黄皮、人心果、杨桃、蒲桃、洋蒲桃等岭南佳果搭配蕨类草本、海芋、合果芋、万年青等；观叶乔木则以片状群植的方式搭配草本地被植物形成风景林，如南洋杉林、杉木林、水杉林等。

3. 乔木——草坪／附生植物模块

草坪或缀花草坪上有一株或一片风景林，形成疏朗优美的植物景观。有部分特殊形式的植物寄生或附生草本生长在乔木树干上，就形成热带雨林附生植物景观。如高大乔木上附生鹿角蕨、蝴蝶兰；棕榈类乔木上附生肾蕨植物，乔木上附生麒麟尾、绿萝等植物。

第 2 章　热带园林植物景观单元设计

观花 / 观果 / 观叶乔木——观叶 / 观花灌木模块应用
（鸡蛋花——鹅掌藤——福建茶）

观花 / 观果 / 观叶乔木——观叶 / 观花灌木模块应用
（塞楝——竹芋——黄金榕——胡椒木——红花檵木）

棕榈科乔木——喜阳观叶草本模块（红领椰子——何氏凤仙）

榕属乔木——喜阴观叶草本模块（小叶榕——鸢尾、玉龙草）

观花乔木——观叶草本（二乔玉兰——鸢尾）

观叶乔木——观花草本（香樟——何氏凤仙）

乔木——草坪模块（南洋杉——大叶油草）

乔木与附生植物（麒麟尾）

2.2.8　灌草类景观单元

灌草类景观单元是由灌木和草本构成，植物景观以花境和绿篱模纹花坛形式居多，呈带状分布或相互混交形成自然块状。此类景观单元在城市各类绿地中很常见，用于各个建筑角落、道路、小片草坪等地方。多数灌草类景观单元为喜阳性植物，色彩艳丽，极具观赏性。灌草类景观单元可再细分为两种常用类型：观花灌木——草本模块和观叶灌木——草本模块。

1. 观花灌木——草本模块

观花灌木——草本模块是以开花色彩鲜艳、观赏期较长的灌木为主要景观，草本植物衬托灌木的观赏作为配景。在植物造景中常常作为建筑前景、入口主景、道路两侧配景使用。典型的模块景观有：分支点较高的观花灌木，如小叶紫薇、红苞木、山茶、朱槿等，搭配覆盖性好、生长良好的大花芦莉、雪茄花、小蚌兰、大叶红草、三色竹芋、孔雀草、矮牵牛、何氏凤仙等。

2. 观叶灌木——草本模块

观叶灌木——草本模块应用范围十分广泛。观叶灌木有自然株型和整形修剪型，以灌木叶色、叶形、整体形态为观赏特点，搭配观花、观叶的草本植物，形成热带地区常见的基础种植景观。常见的整形修剪的植物搭配组合有变叶木球、海桐球、红花檵木球、黄金榕球、金叶假连翘搭配雪茄花、蚌兰、三色竹芋、大叶红草、冷水花、何氏凤仙、矮牵牛、台湾草、大叶油草、加银丝马尾、天门冬等。自然株型的植物搭配组合有花叶艳山姜、散尾葵、小叶棕竹、芭蕉科、竹芋属植物三五株种植于低矮的草坪上。

2.2.9　乔灌草类景观单元

乔灌草类景观单元的特点是：上层由高大的特色乔木作为背景，突出乔木景观的主导作用，中层选用小乔木和灌木进行搭配，并依据所选植物的耐阴程

第 2 章　热带园林植物景观单元设计

观花灌木——草本模块（小叶紫薇——大叶油草）

观叶灌木——草本模块（变叶木——台湾草）

观花灌木——观花草本（金边决明——天门冬）

观叶灌木——草本（海桐球——蚌兰）

观花灌木——观花草本（朱槿——香彩雀、孔雀草）

观叶灌木——草本（花叶艳山姜——鹅掌藤——三色竹芋——大叶油草）

棕榈科／榕属乔木——观花草本模块——草本类
模块

乔灌草类植物景观（广州珠江公园）

观花／观果／观叶乔木——灌木类——草本类模
块（凤凰木——龙船花——台湾草）

度合理布置于乔木下部或群落边缘，下层选择耐阴地被和草本植物。这种植物景观单元采用的植物种类比较丰富，林冠线和林缘线起伏变化多样，其组合应用能有效提高空间绿量，最大限度地发挥城市绿地的生态功能和植物景观的审美价值。乔灌草类景观单元分为棕榈科／榕属乔木——观花草本模块——草本类模块和观花／观果／观叶乔木——灌木类——草本类模块两种。

1. 棕榈科／榕属乔木——观花草本模块——草本类模块

棕榈科／榕属乔木——观花草本模块——草本类模块多用于公园主要景区、道路中央绿化带、居住区小游园中，高大的棕榈科植物勾勒植物景观的骨架，中层搭配棕榈科灌木或开花灌木形成配景，低矮草本植物作为基础形成上中下、前中后多方位的观赏景观。常用的植物搭配组合有3~5层植物，高层植物有大王椰子、假槟榔，搭配2~3层中层植物如三药槟榔、散尾葵、黄金榕球等，低层搭配金叶假连翘、龙船花、雪茄花、台湾草、大叶油草等，形成立体丰富的植物搭配方式。

2. 观花／观果／观叶乔木——灌木类——草本类模块

观花／观果／观叶乔木——灌木类——草本类模块与棕榈科／榕属乔木——观花草本模块——草本类模块不同，此模块更加注重植物色彩和季相变化。在热带地区落叶植物较少，季相变化相对温带地区也不甚明显。在植物搭配中运用常绿乔木和落叶乔木比例控制在1:3~1:5作为背景植物，搭配少量色叶灌木或草本作为中景植物，以开花的灌木或草本作为前景植物，形成多色彩、多变化的植物景观。

2.2.10 拟自然式植被景观单元

拟自然式植被景观单元是以热带雨林景观为参照物，合理配置大乔木、小

第 2 章　热带园林植物景观单元设计

观花 / 观果 / 观叶乔木——灌木类——草本类模块（南洋楹——大叶榕——艳山姜——锦绣杜鹃——台湾草）

观花 / 观果 / 观叶乔木——灌木类 - 草本类模块（南洋楹——大叶榕——艳山姜——锦绣杜鹃——台湾草）

深圳生态广场绿化景观

疏林草地景观（深圳蔚蓝海岸住区）

道路绿化景观（深圳）

乔木、大灌木、藤本、小灌木、草本植物，构成多层次的植物群落景观。它是一种以园林植物做材料，模拟自然界复杂的原生植被群落，力求达到最大生态效益的植物景观单元。

2.3 热带园林植物景观单元应用形式

2.3.1 广场绿化景观

广场绿化景观是指在城市活动广场中种植同种或不同种的高大乔木而形成的植物景观类型，广场绿化可为游人提供荫凉的环境。如广东地处南亚热带，终年气温较高、太阳辐射强烈，所以城市中广场绿化多以常绿榕属乔木和棕榈科乔木为主，表现浓郁的南热带风情。

2.3.2 道路绿化景观

道路绿化是反映城市绿化质量的重要窗口，能体现城市性格，构成特定的城市景观风貌。道路绿化属于城市中最常见的线形景观之一，其营造必须要考虑道路环境、树种选择、种植方式和安全距离等因素。在华南的热带和南亚热带地区，道路绿化树种多以乡土树种为主，其中桑科和棕榈科的植物应用较多。因气候炎热、太阳辐射强，75% 以上的城市道路绿化树种选用常绿乔木。

2.3.3 疏林草地景观

疏林草地景观是由面状草本植物景观与乔木景观以不规则点状自由组合方式营造而成。

疏林草地多布置于场地面积较大的公园和风景区之中，给人以开阔、优雅之感，供游人在林荫下开展游憩、阅读、野餐等活动。种植在草地边缘或中间的乔木，与草地景观形成多种对比性构图，如平面与立面、明与暗、地平线与林冠线等。在南亚热带海滨城市中绿地，多选用棕榈科乔木、桑科榕属乔木或其他热带性科属开花乔木（如凤凰木、木棉、鸡蛋花等）。

2.3.4 滨水植物景观

华南热带地区拥有漫长的海岸线。海岸地带因受海水、海风、潮汐的影响较大，土壤干燥，土质瘠薄，含盐量大，太阳辐射强烈，易受强劲台风的危害，因而在该地区的海岸地带多以红树林群落类植物和防风植物为主形成带状植被景观。热带滨海典型红树林景观和浪漫的椰林风光，是热带地区最具海滨特色的两种滨水植物景观类型。

2.3.5　树群与森林景观

树群景观是指由多株树木做不规则、近距离组合种植营造出的植物景观。树群景观既可作为局部空间的主景和配景，也可以作为视觉屏障分隔景观空间。由于组成树丛的乔木株数不同，在株数组合的设计上应遵循一定的构图法则及自然特征。

森林景观是通过林植而营造出的植物景观类型。凡成片、成块大量栽植乔灌木以构成林地和森林景观的造景手法通称为"林植"，多用于面积较大的绿地中，如综合公园、风景名胜区和卫生防护林带等。在热带地区城市绿化建设中，可以利用热带园林植物模拟天然的热带雨林群落景观，营造山地型近自然型热带雨林植被。

滨水植物景观（三亚文华东方酒店）

2.3.6　花坛、花境和绿篱景观

花坛和花境景观均以草花为主，也有部分低矮型或耐修剪型灌木应用，在华南热带海滨城市中，观花草本多以花大色艳的植物为主。花坛景观植物的配置形式较为多样，应根据场地和环境条件进行合理配置，一般考虑较多的是形与色的布局。花境中所应用的植物以多年生草花为主，搭配其他一些观叶植物。花境是一种线性植物景观，多布置在园林绿地的边界地带或路边，外轮廓较为规整。绿篱是采用灌木做密集列植而形成的篱笆状树木组合形式。在华南热带城市里，园林绿地里应用的灌木多为开花和彩叶树种，较好地展现出热情、热烈的地域特色。花坛、花境和绿篱景观均具有较强的人工造景特点，常用草本植物景观单元或灌木植物景观单元为基础，以线状、面状或环状艺术组合方式营造而成。

滨水植物景观（三亚艾美酒店）

树群与森林景观（三亚希尔顿酒店）　绿篱景观——广州珠江公园

花坛景观——广州云台花园　花境景观——广州海珠公园

2.4　热带园林造景基调植物种类优选

热带园林植物景观的构建基础是一系列具有热带特色的种植单元。它们与一定数量热带园林基调植物的应用直接关联，具有较强的生态稳定性和景观完整性。因此，首先要针对不同城市的具体条件优选适宜的热带园林植物种类，进而运用不同的种植设计手法进行艺术组合，就能够营造出具有丰富景观外貌和季相特征的热带园林植物景观。下面以三个华南热带海滨城市（深圳、澳门、海口）的城市绿地园林植物应用频度分析，阐述热带园林造景基调植物种类的优选方法。

2.4.1　深圳

1. 城市概况

深圳位于我国南部海滨，与香港相邻，是典型的南亚热带海滨城市，地理范围为东经北纬 22°27′ 至 22°52′，113°46′ 至 114°37′。深圳位于珠江口东岸，东部与大亚湾和大鹏湾相邻，海岸线 70 多 km；西部濒临珠江口和伶仃洋；梧桐山、羊台山脉位于深圳北部；南边的深圳河与香港新界相连。辽阔海域连接南海及太平洋。全市面积 1991.64km^2。

　　深圳地处亚热带地区，属南亚热带海洋性气候，相对热带地区来讲，气候还略显干燥，湿度与温度都不及热带。夏季受东南季风影响，高温多雨，每年5 至 9 月为雨季，平均年降雨量 1933.3mm，日照时长 2120.5h，年平均气温22.4℃，一月份平均气温 14.1℃，七月份平均气温 28.2℃。深圳市气温全年变化较小，春季和秋季气候宜人，夏季虽长，但由于有海风吹入，因此不会酷热。年均无霜期为 355 天，个别年份出现霜冻，有些年份出现倒寒天气。

2. 园林植物应用

　　深圳市域自然植被的组成种类十分丰富，具有较强的热带性。据统计，深圳市域共有野生维管植物 1461 种，隶属于 208 科和 740 属，其中蕨类植物有41 科 81 属 170 种，种子植物有 167 科 659 属 1291 种（刘灿，2006 年）。热带植物种类在深圳植物区系中占有很大比例，具有明显的南亚热带植被风光。

　　深圳的自然条件优厚，经济势力雄厚，城市规划理念新颖。深圳的园林植物景观营造水平，一直处于全国领先地位，先后获得"国家园林城市""国际花园城市"等荣誉称号。市区绿地的园林植物种类丰富，尤其是热带性科属植物的应用，使得深圳无处不展现出南亚热带海滨花园城市的气息。

　　《深圳园林植物配置与造景特色》（中国建筑工业出版社，2007）一书对深圳市区道路绿化、居住区绿地和城市公园绿地的植物配置与造景的典型模式和特色进行了归纳分析。书中按照各类绿地的园林植物应用情况，分别对常用的乔木、灌木、地被、藤本植物进行了相对频度分析，相关调研结果经进一步计算整理后见表 2-3、表 2-4、表 2-5。

表 2-3　深圳市区园林植物应用频度分析（乔木）

植物名称	公园绿地（%）	居住区绿地（%）	道路绿地（%）	平均频度（%）	相对频度（%）
小叶榕	18.87	70.80		44.84	0.14
大叶榕	2.21	83.30	39.00	41.50	0.13
大王椰子	7.05	62.50	54.00	41.18	0.13
木棉	6.31	62.50	33.00	33.94	0.11
红花羊蹄甲	2.54	54.20	43.00	33.25	0.10
凤凰木	17.62	41.70	38.00	32.44	0.10
蒲葵	1.06	50.00		25.53	0.08
油棕	0.98	50.00		25.49	0.08
芒果	1.63	41.70		21.67	0.07
椰子	0.65	50.00	12.00	20.88	0.07
			合计	320.71	1.00

　　注：频度数据源于《深圳园林植物配置与造景特色》（李敏等，2007 年）书中的基础资料。（表 2-4、表 2-5 中的计算式和数据来源与此相同）。

表2-4　深圳市区园林植物应用频度分析（灌木）

植物名称	公园绿地（%）	居住区绿地（%）	平均频度（%）	相对频度（%）
金叶假连翘	16.8	30.2	23.50	0.19
苏铁	7.21	27	17.11	0.14
簕杜鹃	7.3	22.2	14.75	0.12
金叶榕	8.77	20.6	14.69	0.12
大红花	5.49	22.2	13.85	0.11
福建茶	6.97	15.9	11.44	0.09
四季桂	3.28	19	11.14	0.09
花叶假连翘	2.21	19	10.61	0.08
花叶大红花		17.5	8.75	0.07
朱蕉		17.5	8.75	0.07
红背桂	2.7	12.7	7.70	0.06
红绒球	0.98	14.3	7.64	0.06
		合计	126.41	1.00

表2-5　深圳市区园林植物应用频度分析（草本）

植物名称	公园绿地（%）	居住区绿地（%）	平均频度（%）	相对频度（%）
蜘蛛兰	4.43	34.2	19.32	0.13
红龙草	9.67	26.3	17.99	0.12
蚌兰	0.73	34.2	17.47	0.12
春羽	2.79	31.6	17.20	0.12
海芋	1.31	31.6	16.46	0.11
肾蕨	2.38	26.3	14.34	0.10
蔓花生	2.46	23.7	13.08	0.09
龟背竹	1.06	21.1	11.08	0.08
马缨丹	1.31	18.4	9.86	0.07
天门冬	0.57	18.4	9.49	0.06
		合计	146.26	1.00

注：台湾草为深圳市区使用频度最高的草本植物，不再对其做频度分析。

2.4.2　澳门

1. 城市概况

澳门特别行政区位于中国大陆东南沿海，地处珠江三角洲的西岸，与香港、广州鼎足分立于珠江三角洲的外缘，其地理坐标为北纬22°12′40″，东经113°32′22″。澳门东面与香港隔海相望，共扼珠江口的咽喉；北面与珠海拱北相连；南面是浩瀚大海。澳门特区全境南北长11.9km，东西宽7km，2012年总面积为29.9km²，包括澳门半岛和路氹离岛。

澳门位于南亚热带地区，为海洋性季风气候。冬季多吹北风，气温较低而且空气干燥，雨量较少。夏季以吹西南风为主，天气炎热且空气湿度大，雨量

充沛。澳门年平均气温为 20℃，气温最低的 1 月份平均温度为 15.1℃，偶然
也会出现最低温度在 5℃以下的天气，月平均温度 22℃以上的多达 7 个月，年
均降雨量 2000mm 以上。

2. 园林植物应用

澳门的地带植物属南亚热带区系，组成结构和群落外貌具有从热带至南亚
热带过渡的植被特点。澳门园林植物的种类与珠海、香港、深圳及广州等邻近
地区相似，多为南亚热带的常见植物，也有少量的温带植物。通过应用大量热
带科属园林植物，营造出浓郁的南亚热带海滨风情。

梁敏如的硕士论文《澳门城市绿地与园林植物研究》（浙江大学，2006 年），
通过对澳门城市绿地进行取样分析，总结出在澳门绿地应用的植物中，大戟科
植物最多，桑科次之。在桑科植物中，榕属植物占绝对优势。在所调查的 115
个样点中，散尾葵、细叶榕、蒲葵等植物使用超过 60 次，使用比率占 50% 以
上。澳门城市绿地中使用比率达 25% 以上的乔木有：细叶榕、蒲葵、假槟榔、
罗汉松、朴树、龙眼、鸡蛋花、凤凰水、木棉；灌木有：朱槿、杜鹃、龙船花、
簕杜鹃、紫薇、金叶假连翘、红背桂、变叶木、朱蕉、散尾葵、棕竹、软叶刺
葵、短穗鱼尾葵、九里香、福建茶、黄金榕、山指甲；地被及花卉植物有：水
鬼蕉、三裂蟛蜞菊、大叶红草。园林植物应用频度分析见表 2-6、表 2-7、表 2-8。

表 2-6　澳门市区园林植物应用频度分析（乔木）

植物名称	平均频度（%）	相对频度（%）
散尾葵	67.00	0.13
小叶榕	56.00	0.11
蒲葵	51.00	0.10
鸡蛋花	45.00	0.09
假槟榔	36.00	0.07
凤凰木	35.00	0.07
罗汉松	35.00	0.07
软叶刺葵	32.00	0.06
朴树	28.00	0.05
短穗鱼尾葵	27.00	0.05
龙眼	27.00	0.05
木棉	27.00	0.05
紫薇	27.00	0.05
山指甲	26.00	0.05
合计	519.00	1.00

注：频度数据源于《澳门城市绿地与园林植物研究》（梁敏如，2006 年）文中的基础资料。（表 2-7、
表 2-8 中的计算式和数据来源与此相同）。

表2-7 澳门市区园林植物应用频度分析（灌木）

植物名称	平均频度（%）	相对频度（%）
大红花	52.00	0.12
棕竹	49.00	0.11
金叶假连翘	47.00	0.11
红背桂	46.00	0.11
九里香	44.00	0.10
杜鹃	40.00	0.09
龙船花	33.00	0.08
变叶木	32.00	0.07
福建茶	31.00	0.07
箭杜鹃	28.00	0.07
黄金榕	28.00	0.07
合计	430.00	1.00

表2-8 澳门市区园林植物应用频度分析（草本）

植物名称	平均频度（%）	相对频度（%）
朱蕉	30.00	0.28
红龙草（大叶红草）	27.00	0.25
水鬼蕉（蜘蛛兰）	26.00	0.24
三裂蟛蜞菊	26.00	0.24
合计	109.00	1.00

2.4.3 海口

1. 城市概况

海口市地处海南岛北部，北濒琼州海峡，其地理位置为：北纬 19°32′~20°05′，东经 110°10′~110°41′，与广东徐闻县海安镇隔海相望。海口市东、西、南三面分别与文昌市、定安县、澄迈县相邻。全市土地面积 2304.84 km²，东、西两端相距 60.6km，南北两端相距 62.5km。

海口市位于低纬度的热带北缘，为热带海洋性气候，全年的日照时间长，年平均 2210h，年平均气温 23.8℃，平均气温最高 28℃，最低 18℃，极端气温最高 38.7℃，最低 4.9℃。春季温暖，干旱少雨，夏季高温且多雨，秋季多台风和暴雨，冬季偶有阵寒。年平均降水量 1639mm，平均日降雨量在 0.1mm 以上的雨天 150 天以上。

2. 园林植物应用

海口市地处滨海地带，热带资源十分丰富，自然风光极具海滨特色。市域天然植被主要是南方热带地区的野生灌木草丛植物种群。市区植物四季常绿，种类繁多。据统计，海口市城市绿地常见的植物共有 298 种（含品种），分布于 72 科 187 属。含植物种较多的科主要有：棕榈科、龙舌兰科、桑科、大戟科、天南星科，分别有 32 种、24 种、19 种、14 种和 13 种植物；含植物种较多的属是榕属、龙舌兰属、簕竹属和龙血树属（成夏岚等，2012 年）。

在海口市区园林绿地中，广泛应用彩叶植物和观花植物，植物景观色彩十分丰富，展现出浓郁的热带地域特色。如黄金榕、黄叶假连翘、花叶艳山姜、龙船花、火鸟蕉、文殊兰等，都较好地体现了南国热带植物特色。此外，棕榈科植物和榕属植物也是热带城市绿地景观的主要成分。大量种植棕榈科植物，使得海口城市景观独具"椰风海韵"特色，但也有遮荫效果不佳的问题。由于海口夏季持续时间长，气候十分炎热，阳光热辐射量大，非常需要多种植遮阴效果强的植物。榕属类的植物树冠广阔，枝叶浓密，具有良好的遮阴效果，能弥补棕榈科植物树冠稀疏的不足，因而在海口城市绿地得到普遍应用。

成夏岚等在《海口市城市绿地常见植物多样性调查及特征研究》论文中（中国园林，2012 年 03），通过对海口城市绿地的 33 个样地调查，得出市区绿地常见植物有 72 科 187 属 298 种（含品种）。其中，城市绿地应用数量前 10 名的乔木中，榕属植物有高山榕、黄葛树、小叶榕三种；棕榈科植物有蒲葵、椰子两种；灌木约占总种数的 40.6%，是海口城市绿地中

表 2-9　海口市区园林植物应用频度分析（乔木）

植物名称	平均频度（%）	相对频度（%）
椰子	78.80	0.19
蒲葵	60.60	0.14
小叶榕	54.50	0.13
高山榕	42.40	0.10
细叶榄仁	39.40	0.09
红花羊蹄甲	39.40	0.09
美丽异木棉	33.30	0.08
黄葛树	27.30	0.07
糖胶树	27.30	0.07
黄槿	15.20	0.04
合计	418.20	1.00

注：表中的相对频度根据《海口市城市绿地常见植物多样性调查及特征研究》（成夏岚等，2012 年）文中的基础数据得出。表 2-10 和表 2-11 的数据来源与此表相同。

植物种类最多的类型；以彩叶灌木和花灌木的种类最为丰富。按观赏特征分，海口市城市绿地中的草本植物包括观花、观叶和观形三类，园林植物应用频度分析见表 2-9~ 表 2-11。

通过对上述三个南亚热带海滨城市常用园林植物应用频度的分析，可以归纳出应用频度前十名的灌木有：金叶假连翘、黄金榕、福建茶、大红花、红背桂、龙船花、九里香、簕杜鹃、朱蕉、苏铁（表 2-12）；应用频度前十名的乔木有：小叶榕、蒲葵、椰子、红花羊蹄甲、凤凰木、木棉、大叶榕、散尾葵、大王椰子、

表2-10　海口市区园林植物应用频度分析（灌木）

植物名称	平均频度（%）	相对频度（%）
黄金榕	75.80	0.16
黄叶假连翘	60.60	0.13
福建茶	60.60	0.13
小叶龙船花	45.50	0.10
红斑朱蕉	45.50	0.10
龙船花	42.40	0.09
鹅掌柴	39.40	0.09
红背桂	30.30	0.07
垂榕	30.30	0.07
九里香	30.30	0.07
合计	460.70	1.00

表2-11　海口市区园林植物应用频度分析（草本）

植物名称	平均频度（%）	相对频度（%）
红龙草（大叶红草）	51.50	0.16
金边菠萝麻	39.40	0.12
花叶艳山姜	36.40	0.11
美人蕉	33.30	0.10
朱顶红	30.30	0.10
水鬼蕉	30.30	0.10
海芋	30.30	0.10
火鸟蕉	27.30	0.09
文殊兰	21.20	0.07
小蚌兰	18.20	0.06
合计	318.20	1.00

表2-12　南亚热带海滨城市常用园林植物相对频度（灌木）

植物名称	海口（%）	深圳（%）	澳门（%）	合计（%）
金叶假连翘	0.13	0.16	0.11	0.40
黄金榕	0.16	0.10	0.07	0.33
福建茶	0.13	0.08	0.07	0.28
大红花		0.14	0.12	0.26
红背桂	0.07	0.05	0.11	0.22
龙船花	0.10		0.08	0.18
九里香	0.07		0.10	0.17
簕杜鹃		0.10	0.07	0.16
朱蕉	0.10	0.06		0.16
苏铁		0.11		0.11
棕竹			0.11	0.11
杜鹃			0.09	0.09
鹅掌柴	0.09			0.09
变叶木			0.07	0.07
四季桂		0.07		0.07
花叶假连翘		0.07		0.07
垂叶榕	0.07			0.07
红绒球		0.05		0.05

注：表中将小叶龙船花与龙船花、朱蕉与红斑朱蕉、大红花和花叶大红花合并，以求简洁。

表2-13　南亚热带海滨城市常用园林植物相对频度（乔木）

植物名称	海口（%）	深圳（%）	澳门（%）	合计（%）
小叶榕	0.13	0.14	0.11	0.38
蒲葵	0.14	0.08	0.10	0.32
椰子	0.19	0.07		0.25
红花羊蹄甲	0.09	0.10		0.20
凤凰木		0.10	0.07	0.17
木棉		0.11	0.05	0.16
大叶榕		0.13		0.13
散尾葵			0.13	0.13
大王椰子		0.13		0.13
高山榕	0.10			0.10
细叶榄仁	0.09			0.09
鸡蛋花			0.09	0.09
美丽异木棉	0.08			0.08
油棕		0.08		0.08
假槟榔			0.07	0.07
芒果		0.07		0.07
罗汉松			0.07	0.07
糖胶树	0.07			0.07
软叶刺葵			0.06	0.06
朴树			0.05	0.05
短穗鱼尾葵			0.05	0.05
龙眼			0.05	0.05
紫薇			0.05	0.05
山指甲			0.05	0.05
黄槿	0.04			0.04

表 2-14　南亚热带海滨城市常用园林植物相对频度（草本）

植物名称	海口（%）	深圳（%）	澳门（%）	合计（%）
红龙草（大叶红草）	0.16	0.12	0.25	0.53
水鬼蕉	0.10	0.13	0.24	0.47
朱蕉（小苗）			0.28	0.28
三裂蟛蜞菊			0.24	0.24
海芋	0.10	0.11		0.21
蚌兰	0.06	0.12		0.18
金边菠萝麻	0.12			0.12
春羽		0.12		0.12
花叶艳山姜	0.11			0.11
美人蕉	0.10			0.10
肾蕨		0.10		0.10
朱顶红	0.10			0.10
蔓花生		0.09		0.09
火鸟蕉	0.09			0.09
龟背竹		0.08		0.08
马缨丹		0.07		0.07
文殊兰	0.07			0.07
天门冬		0.06		0.06
血苋				0.00

注：表中将蚌兰与小蚌兰合并；美人蕉与大花美人蕉合并；因朱蕉常以灌木形式应用，朱蕉（小苗）不选为草本类进行分析；台湾草为各地使用频率最高的草本，不作频率分析。

高山榕（表 2-13）；应用频度前五名的草本有：台湾草、红龙草（大叶红草）、水鬼蕉（蜘蛛兰）、朱蕉三裂蟛蜞菊、海芋（表 2-14）。

　　将上述结果进一步归纳为表 2-15，这 25 种华南地区常用的园林植物均属于热带性科属植物。其中，棕榈科植物 4 种，分别为蒲葵、椰子、大王椰子和散尾葵，占总数的 16%；桑科榕属植物 4 种，分别为小叶榕、大叶榕、高山榕和黄金榕，占总数的 16%；彩叶植物 6 种，分别为金叶假连翘、黄金榕、红背桂、簕杜鹃、朱蕉、红龙草，占总数的 24%；观花植物 7 种，分别为红花羊蹄甲、凤凰木、木棉、大红花、龙船花、水鬼蕉、三裂蟛蜞菊，占总数的 28%。由此可见，热带园林造景应以棕榈科植物、桑科榕属植物及大花、艳花、彩叶植物为主，运用能体现热带意象的热带性科属植物所构成的植物景观单元，是形成热带景观特色的关键因素。实践证明，恰当地应用热带园林植物景观单元设计方法，有助于便捷高效地营造热带城市园林风貌。

表2-15　南亚热带海滨城市常用园林植物

植物名	科	属	主要分布地带
小叶榕	桑科	榕属	热带和亚热带
蒲葵	棕榈科	蒲葵属	中国东南部及日本南部
红花羊蹄甲	苏木科	羊蹄甲属	热带和亚热带
椰子	棕榈科	椰子属	亚洲、非洲、大洋洲及美洲的热带地区
凤凰木	苏木科	凤凰木属	热带
木棉	木棉科	木棉属	热带和亚热带
大叶榕（黄葛榕）	桑科	榕属	热带和亚热带
散尾葵	棕榈科	散尾葵属	原产马达加斯加，我国南方常见栽培
大王椰子	棕榈科	王棕属	热带和亚热带
高山榕	桑科	榕属	热带和亚热带
金叶假连翘	马鞭草科	假连翘属	美洲热带地区
黄金榕	桑科	榕属	热带和亚热带
福建茶	紫草科	基及树属	亚洲南部及东南部热带地区
大红花	锦葵科	木槿属	温带至热带各地
红背桂	大戟科	海漆属	热带和亚热带
龙船花	茜草科	龙船花属	亚洲热带
九里香	芸香科	九里香属	热带和亚热带
簕杜鹃	紫茉莉科	叶子花属	美洲热带和温带地区
朱蕉	百合科	朱蕉属	我国南部热带地区
苏铁	苏铁科	苏铁属	热带和亚热带
台湾草（细叶结缕草）	禾本科	结缕草属	亚热带及中国大陆南部地区
红龙草（大叶红草）	苋科	虾钳菜属	原产巴西，在世界热带、亚热带各地多有栽培
水鬼蕉（蜘蛛兰）	石蒜科	水鬼蕉属	美洲热带，我国引种栽培
三裂蟛蜞菊	菊科	蟛蜞菊属	原产地南美洲
海芋	天南星科	海芋属	产中国华南、西南及台湾，东南亚也有分布

椰林、夕阳与大海（海南博鳌）

第3章 华南热带园林植物造景实例

3.1 热带城市公园植物造景

3.1.1 广州珠江公园

广州珠江公园位于广州市天河区珠江新城东侧，是个集观赏、游憩、科普和休闲功能于一体的市级综合公园，占地面积 28 hm²，于 2000 年 9 月 28 日建成开放。

珠江公园是以植物造景为特色的生态型公园。全园共栽培有植物 800 多种，绿地率高达 91%，环境优美，格调幽雅，极具岭南园林特色。园内依据植物生态习性，规划为风景林区、阴生植物区、快绿湖区、园博区、桂花园、木兰园、棕榈园、百花园等八个主要景区。各景区的绿化种植多采用科属群落配置，通过与山体、溪涧、瀑布、湖泊、建筑的巧妙结合，形成聚散有致、层次分明、绿草如茵、繁花似锦的优美园景。

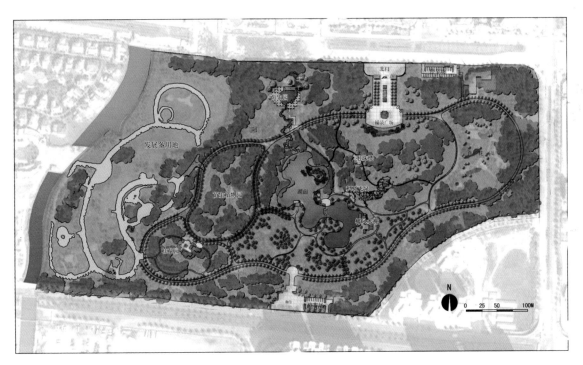

广州珠江公园设计总平面

珠江公园鸟瞰

快绿湖区植物景观

第3章　华南热带园林植物造景实例

　　园中阴生植物区又名"醉绿园"，共栽种珍稀热带阴生植物 300 多种。其中蝴蝶兰、文心兰、黑沙椤、澳洲苏铁、水瓜栗等姿态婆娑，满园花香沁人心脾。盛开的蝴蝶兰、舞女兰仿佛千万只彩蝶在游人身旁飞舞。"石涧鸣琴"景点，潺潺流水、声如鸣琴。大型的喷雾，造就一幅如诗、如画、如梦的意境。身在其中恍如天上人间，美不胜收。

灿烂的地被植物

阴生植物景观

阴生植物区水石景

园路旁植物配置

水生植物造景

植物与水石景组合配置

阴生攀援植物造景

3.1.2　珠海海滨公园

　　珠海海滨公园位于珠海市香洲区东南的香炉湾畔，南距澳门约 5000m。海滨路从公园中穿过，北侧是石景山，南侧为香炉湾。石景山海拔 80m，山上幽径邃洞，奇峰异石，有"骆驼卧伏""猛虎回眸""山羊归洞"等 21 个天然石景。香炉湾边设有海水泳场，著名的"珠海渔女"石雕屹立于湾内的铜锣石上。全园占地面积 66.5hm²，林荫夹道，环境幽静，山景、海景浑然一体。园内选用各种南亚热带乔灌木及草本植物，营造出了丰富多样的南亚热带海滨

珠海海滨公园珠海渔女主景雕塑

珠海海滨公园疏林草坪区景观

珠海海滨公园观海亭植物环境

珠海海滨公园春节花卉布置

珠海海滨公园休憩区植物配置

植物景观。

　　珠海海滨公园充分利用场地内原有的海岸防护林等植被条件进行植物造景，以大面积疏林草地为主要特色，兼顾市民和游客的功能需求。其中，沿海沙滩以椰子树为主景，呈现一派浓郁的热带海滨风光。园中湖区大量种植棕榈科植物，形成热带特色景观。大草坪区用台湾草景观单元以面型的组合方式营造而成，其他富有滨海特色的乔木景观单元则沿草坪边缘布置，为大草坪区营造出丰富多变的林冠线背景，增加竖向空间上的动感之美。再以"凤凰木＋台湾草"景观单元以点型或自由型的组合方式点缀，形成疏林草坪景区。既为游人提供舒适的林下休憩空间，也构成美丽的季相景观。

第 3 章 华南热带园林植物造景实例

3.1.3 湛江南国热带花园

广东湛江是我国最南端的热带海滨城市。南国热带花园位于湛江市人民大道和海滨大道之间，东临麻斜海湾，面积 86.7hm²，于 2004 年 4 月 30 日建成开放。公园设计以"丝路花雨飘南国"为构思主题，贯彻"生态优先"的设计理念，运用现代的园林设计手法营造富有热带地域特色的园林植物景观空间，表现湛江作为粤西海上丝绸之路起点城市独有的自然、历史与文化特色。

湛江南国热带花园入口景观

南国热带花园雕塑与植物造景组合

南国热带花园棕榈植物区

阴生植物区外景

阴生植物区内景

沙生植物区

南国热带花园以植物造景为主，全园景观规划为15个分区：①引种植物造景示范区，②观赏植物区，③棕榈植物区，④水生花卉区，⑤沙生植物区，⑥竹类观赏区，⑦海上丝路植物景观道，⑧珍稀植物区，⑨夜香植物区，⑩热带雨林区，⑪湿生植物区，⑫阴生植物区，⑬果园，⑭植物管养区，⑮遮阴乔木活动区。园中设计了30处景点，即：丝路凝香，醉红一坡，沁芳棕榈道，五柳笼烟二叠泉，椰风花韵飞来石，石径踏香，四季花狂，云影飘花，赤地化雨，荷风轻渡，白沙鳌渚，长台闲钓，栈桥卧波，平湖掬月，葵林听雨，棕影抱绿，果煦茶氲，翠虹飞跨，蒲沁兰心，清溪黛影，芦荻鹤舞，修篁琴韵，雨林溶翠，木道闻香，竹溪童趣，真行戏雾，同乐无极，花雨明珠，丝路林荫，木棉飞红。园中应用各类热带园林植物计304种，富有浓郁的热带景观特色。

3.1.4　广州海珠湿地公园

　　海珠湿地位于广州市海珠区东南部，是珠三角河涌湿地，被誉为广州的"南肺"和"绿肾"，总面积约 800hm²，包括万亩果园、海珠湖及相关 39 条河涌，水域面积达 380hm²。海珠湿地是珠江三角洲湿地数百年果基农业文化的缩影，具有典型岭南水乡特色，为城市内湖湿地与半自然果林镶嵌交混的复合湿地生态系统。

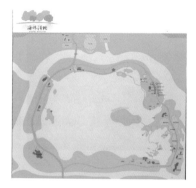

海珠湿地公园总平面

湿地花海

生态湿地

湿地园景

滨水花境

滨水植物造景

河道湿地植被

花木小园圃

湿地公园农家乐

海珠湿地公园始建于2012年6月，是国家级生态湿地示范区，一期面积约70hm²，水域面积占42%，平均水深1.5m。通过连通水系、理清活水、改造果林等，重点突出生态、岭南、水乡、野趣特色，打造亲水花溪、果林栈道、田园花海等生态湿地特色景观，结合布置粤式广府建筑等岭南文化元素，形成了"生态、岭南、水乡、野趣"的南国湿地园林景观。

近岸湖滨带是湿地公园植物景观的重点区域，大量种植浮水、挺水植物。其中，在水边观景平台、桥梁等景观节点处以优良的观花、观叶水生植物为主，如睡莲、鸢尾、水生美人蕉等；在水边栈道、游客能亲水的游览路线，种植灯芯草、水葱、茭白、梭鱼草、菱角等；适当配置狐尾藻等浮水植物。在水道比较狭窄处控制挺水植物，以免过度遮蔽阳光影响水中藻类植物生长。

3.2　热带城市广场道路绿化

3.2.1　广州花城广场

花城广场位于广州城市新中轴线珠江新城的核心节点，是珠江新城中轴线段的公共休闲绿地，也是广州最大的城市广场，总面积约 $56hm^2$，南北向长 1600m。总平面分成南北两大部分，

北部呈腰鼓形，东西向最宽处 250m，南部为滨水绿化休闲带和海心沙岛。

花城广场周边是新城市中心商务区，建有广州最高的双子塔楼。滨江地带有广州歌剧院、广东省博物馆、广州新图书馆、广州市第二少年宫四个大型公共文化建筑。海心沙岛为城市公园，也是城市庆典活动中心，建有半开放式的观演建筑，是 2010 年 11 月举行第十六届亚运会开闭幕式的主场。

花城广场设计分为五个景区，从南到北依次为"珠水新风"（滨江休闲绿

花城广场花卉景观

花城广场建筑与绿化环境

化带）；"阳春花海"（亚运会开幕式前广场）；"两仪交辉"（旱地音乐喷泉），周边有抬高的观众席；"金穗溢彩"（种植大量乔木的休闲绿廊），"广汇群英"（以水景和花岛为主的带状绿地）。整个广场种植有 600 多棵大树和大片莳花，使之形成绿树花海景观。广场东西两侧有人工坡地绿化林带围合，人行步道蜿蜒穿行于绿树丛中，闹中取静。

2011 年起，广州国际灯光节每年岁末在花城广场举办，已与法国里昂灯光节、澳大利亚悉尼灯光节并列为世界三大灯光节。花城广场灯光音乐会在每年春节期间举办，联动现场音乐上演大型城市灯光表演，与广州塔和珠江两岸建筑夜景交相辉映，形成辉煌的视觉盛宴。

花城广场绿地

花城广场璀璨夜景

花城广场中轴绿带

花城广场树阵

花城广场绿道

花城广场游憩区

3.2.2　广州机场高速公路绿化

　　广州机场高速公路是连接市区与新白云国际机场及花都区的重要干道，全长约50km。工程分两期建设，一期广州市区至新白云机场及二期南段（花山）24km 于 2002 年 1 月通车；二期花山至北兴段 26km 路程于 2007 年 2 月通车。在平沙以南和机场以北为双向六车道，平沙以北至新机场为双向八车道。

　　广州机场高速公路绿化建设的重点是平沙以北至新机场路段，目标是打造与广州国际大都市地位相匹配的"华南第一路"绿化景观。为此，该项目在规划设计和绿化施工中采取了一些特殊的技术措施，主要有：① 将道路建设用地红线内的可绿化面积集中用于中央绿化分隔带，形成宽达20m 的景观绿廊，气势非凡。既便于植物造景布局，也有利于避免交通事故。② 中央绿

广州机场高速公路进港区绿化景观

广州机场高速公路离港区绿化景观

化带的种植设计采用每 300~500 延长米开花乔木基调树种组合单元呈模块化布置，形成乔灌草有序搭配、连续演替、节奏鲜明、丰富而大气的绿化景观。③ 在中央绿化带中设置一条较深的蓄水沟，收集绿地中的地表径流，再以池壁渗透等方式用于绿地补水保湿，有效节约管护成本。④ 道路两侧的 30m 宽景观防护林带以农地改造的方式解决用地，种植速生及开花乡土树种，确保迅速形成景观并极大减少管养工作量。⑤ 路基完成后即开始中央绿化带施工，先种树，后铺路面，为植物生长多争取了一年半时间，确保苗木以正常种植规格和密度，在道路竣工时形成较好的景观。

笔者作为该项目建设的专家组组长，全程指导其设计和施工。项目建成后，优美独特的绿化景观长期稳定，受到社会各界普遍好评。

广州机场高速公路迎宾段植物配置

中分带绿化种植

中央花带

中分带蓄水沟

路侧景观林带

第 3 章　华南热带园林植物造景实例

3.2.3　珠海情侣路绿道

　　珠海是座富有浓郁浪漫气质的城市，自然禀赋得天独厚：东部滨海，山海相依；西部临江，阡陌纵横；处处流露出自然清纯的气息。2010~2012 年，珠三角地区绿道网建设在全国率先展开。按照《珠三角绿道网总体规划纲要》，穿越珠海的有省立 1 号和 4 号绿道，总长约 80km。其中 1 号绿道含"凤凰之冀""珠澳风华""淇澳听风""古镇新岸""浪漫海滨"五大部分，串联 10 类 58 个旅游点；4 号绿道有"御泉古韵""黄杨诗意""水乡风情"三大部分，串联 6 类 35 个旅游点。从山海景观到都市风貌，从古镇渔村到湿地园林，从历史人文到科技新区，从水乡风情到生态田园，绿道充分展示了珠海的绚丽风采。

　　省立 1 号绿道珠海段长 54.38km，定位为"滨海花园都市绿道"，线路经过观澳平台—度假村—九州港—海滨泳场—海滨公园—野狸岛—海天公园—中山大学—唐家古镇—科创海岸—北师大校园—金唐西路—京珠高速东侧辅道—中珠渠—下栅检查站。情侣路绿道"海天驿站"是珠海绿道的示范段，

珠海情侣路绿道景观

情侣路绿道植被环境

情侣路绿道海天驿站

相思竹林中的绿道

绿道配套游憩设施

绿道旁的植物配置

绿道旁的运动设施

绿道配套林荫停车场

穿行在相思林中的单车径

位于香洲湾的临海山地，总面积 28300m²。基地内地势平坦，土质较为坚硬，环境清幽。周边植被为原有次生林，树种以台湾相思为主。绿道建设因形就势，保持山地原有自然形态；在临山涉水地段，沿山体等高线或水体自然岸线设置。驿站配套生态停车场、自行车租赁、洗手间及小卖部，外侧建有自行车和人行环路，与情侣路慢行道相连接。临海设有观景平台及观景亭。该绿道主要利用现有植被，采用本土树种，避免移植大树，形成了贴近当地环境的植被群落。项目建成后，受到社会各界的一致好评。此外，珠海还创作了全国第一首"绿道之歌"。2012 年，"珠海绿道建设"获得了住房和城乡建设部颁授的"中国人居环境范例奖"。

第3章 华南热带园林植物造景实例

3.2.4 深圳前海前湾一路绿化

2015年4月深圳前海自贸区正式成立,定位是"依托香港,服务内地,面向世界"的国家重要战略平台。前海自贸区规划用地1492hm²,其中绿地455 hm²,占比30.5%,目标是比肩世界一流城市,营造绿意盎然的园林新区。作为填海造地崛起的新城,前海已从原有大片天然红树林到人工基围鱼塘,再到现在的城市建设区,经历了"沧海桑田"的巨变。前海自贸区的核心任务是探索制度创新,短短几年就取得了"总体成果领先,体系构成完整,转化效益显著"的骄人成果。

前湾一路作为迎宾要道,绿化建设目标是媲美新加坡的花园式景观路。绿化设计选用典型的热带棕榈科乔木——加那利海枣作为主要行道树种,配

前湾一路花园绿地

入口门标广场

前湾一路中分带植物配置

置常绿阔叶树和花境地被，构成前海自贸区标志性道路绿化景观。在沿街的路旁绿地上，采用草坪与花色地被植物相间布局的设计手法，创造了"上层疏朗，中层简洁，下层精致"的道路绿化种植新模式，给人以仿佛走进城市花园的观感，步移景异，美不胜收。

前湾一路入口广场是前海自贸区的门户形象，景观空间处理充分体现疏朗通透的艺术风格。地形设计起伏而舒缓，地被坡面自然且流畅，舍弃以往用大量灌木堆砌密植的"复合密林群落模式"，景观干净简洁，高端大气，给过往宾客留下深刻印象。

深圳前海，这片被国家寄予厚望的中港合作"试验田"，各项创新的"秧苗"正在破土而出、苗壮生长。如今，前海正呈现出全面发力、多点突破、纵深推进的改革开放新局面。前湾一路的绿化景观，通过创新的种植设计与实践，很好地体现了前海自贸区的内在气质与发展前景。

路侧绿地花带

路旁绿地花境

疏林草地组合

路边紫荆园入口花径

路侧花卉地被

3.3 热带城市住区园林造景

3.3.1 珠海华发新城

珠海华发新城位于南屏区前山河西岸，建设用地 45 hm²，规划总建筑面积约 70 万 m²，居住人口近 2 万人，是个具有商业街、中小学、会所等相关生活配套设施的大型综合性社区。2003 年，华发新城一期"蓝天水岸"住区竣工，充满浓郁的现代浪漫巴厘岛风情，1025 套住宅一年内售罄。2005 年后又陆续推出二期"在水一方"和三期"碧水云天"等主题住区，均受市场好评。

华发新城凝聚了 21 世纪先进的居住区开发理念，力求体现建筑、自然与人文的有机结合。住区园林设计采用典型的热带风格和东南亚园林的形式特征，富有独特的自然生气。其中，精心打造的长达 1.2km"爱情湾"滨河公园，繁花覆地，树荫婆娑，设施完善，令人流连忘返。住区内部的楼间空地均通过合理设计实现了高标准园林绿化，整个住区空间绿意盎然，水景、雕塑、花木与建筑交相辉映，美仑美奂。

华发新城住区园林营造运用的绿化树种以南亚热带观赏植物为主，多为自然式种植。其中的乔木主要有：棕榈、加那利海枣、大王椰子、鸡蛋花、红花羊蹄甲、小叶榕、大叶榕、海南红豆、木棉、乌桕等；灌木主要有：黄蝉、三药槟榔、鱼尾葵、散尾葵、朱蕉、夹竹桃等。地被植物较为简洁，以台湾草等为主。在水景区域，也因地制宜布置了水生及湿生观赏植物。

珠海华发新城内庭游憩场地

华发新城庭园游憩区植物造景

华发新城规则式植物造景

热带园林植物造景

华发新城河道植物配置

华发新城园路绿化

建筑旁花园种植

小区入口植物造景

内院中庭植物造景

中心花园植物配置

3.3.2　深圳香榭里花园

深圳香榭里花园位于福田区农科中心农轩路与丰田路交汇处东面，占地面积 49000m²，建筑密度为 25%，容积率 2.88，绿地率 43%，由 12 栋小高层住宅及一栋 6142m² 会所组成。北面为深圳市高级中学，南面为高级小学及超级市场等公建配套，住区内设有网球场，高尔夫果岭练习场，并有一个设施齐全的社区会所，设置了水吧、西餐厅、室外泳池、室内恒温泳池、多功能运动场、壁球场、女性天地、童趣屋等休闲运动设施。

香榭里花园住区建筑采取组团式布局，五个居住建筑组团入口都设计了花园走廊。南端的主入口设计了一个由喷泉和雕塑组成的欧式花园，与两侧

入口林荫道　　　　　　　　　　　　中心花园

香榭里花园门标及植物造景

住户门口植物配置

中心花园绿地与水景

建筑墙垣基础种植

花架廊绿化

住区入口广场景观

曲线形的建筑物构成了主入口广场。住区公共建筑与服务配套设施完善，满足了业主的各种生活需求。

香榭里花园的景观设计风格活泼，规则式与自然式相结合，创造出小而多样的空间效果。设计师通过协调处理地形地貌与园林植物的搭配，体现了深圳的气候特征和地方风情。同时，运用不同花色、质感、高度的植物创造出多层次的绿化空间，形成错落有致的植物景观。居民行走其间，能领略步移景换的妙趣。其中，乔木配置采用了较多的棕榈科植物，如槟榔、山棕、椰子、海枣、旅人蕉等，充分展现了南国特色。在建筑边缘或住区边缘地段，以草坪、地被植物和灌木为主，再加上少数乔木配置，给人以丰富的景观变化和开阔的视觉感受。

3.3.3　广州星河湾住区

广州星河湾住区位于番禺区南村镇西北角，华南快速路番禺大桥旁，三面环水，沿江岸线长达 2.4 km。住区总占地面积约 80 万 m^2，总建筑面积近 93 万 m^2。住区内主要由 22~27 层的高层住宅组成，以 250 m^2 左右的大户型为主，配备少量 300~500m^2 的超大户型以及部分 90m^2 的紧凑户型。星河湾住区周边毗邻珠江新城、琶洲会展中心、广州大学城；配套有学校、商场（沙溪商业城、佰城商厦）等。

星河湾住区主干道绿化

住区绿地的精细设计

住户入口植物造景

热带风情泳池景观

住区庭园花木配置

大绿量步道景观

特色建筑小品植物配置

　　星河湾以住区园林优美著称。住宅与花园绿地布局相互交融，构成宜人的组团式家园。项目设计力求打造"中国地产景观第一盘"，在社区生态环境、休闲设施配套、园林场景、游览路线等方面重点优化，以高档建筑材料、丰富多样植物、一丝不苟工艺、无处不在水景、四季常蓝泳池等，努力营造出高质量的居住生活环境。一期建成的住区有朗心园、畅心园、怡心园、逸心园；二期建成的有赏心园；三期有荟心园和悦心园；四期为星座园；五期为星苑；六期为星河湾6号。住区的种植设计也堪称经典，非常注重热带园林植物品种的构图搭配，低材高用，粗材精用，优材活用，处处体现出造园家的匠心独运和精巧手艺。

　　该项目从规划设计到选材施工都追求极致品质，坚持"舍得、用心、创新"的理念，不断刷新了许多地产界的行业标准，成为了业界好评如潮、长期追随的国际人居环境营造典范。

3.3.4　广州大一山庄

大一山庄位于广州市白云大道北，邻近国家级南湖旅游度假区和白云山支脉，背靠凤凰山脉和红路水库，净用地面积 15.15 hm²。基地内地形复杂，植被繁茂，陡坎较多，有两个小型山塘水库，自然生态环境良好。其建设目标是营造中国顶尖的艺术别墅博览园。项目初期规划建造 79 栋艺术别墅，2011 年调整为 95 栋，分北、中、南三个区开发。第一期北区 20 栋别墅已于 2012 年建成，户型面积从 800~1400 m²，户户有室外泳池和上千平方米的私家园林。

大一山庄的配套绿地规划到位，指标先进。不仅保证了占总用地 40% 的高绿地率，而且通过宅前屋后绿化空间的细致处理，将私家花园与小区公共绿

山庄内庭山石与植物组合造景

大一山庄入口山林景观

地及道路绿化相结合，组成精细优雅的绿地系统，形成景观丰富、处处花园的美居空间。山庄用地内的户外家具、标识、标志、路灯等也都做了精心设计，加上多彩多姿的园林植物配置，共同构成一幅幅优美的山水绿意画轴长卷。

　　大一山庄营造的核心理念之一是将诗情画意写入园林，让住客流连于山光水色树影中，重温古时贤达的山居遗梦而恍入仙境，诗化人生。造园家以山坡

住区内交通岛绿地

住户泳池周边植物造景

山林泉石景观

住户庭园植物造景

圆洞门对景

溪涧树石框景

第 3 章　华南热带园林植物造景实例

台地为纸、山水花木为墨、人生哲理为意，尽情挥洒，赋诗作画构景，造就了诗意化的山居环境。山庄里有众多精致的植物造景，通过花开花落的季相变化、阴晴晨昏的时相变化及五色斑斓的色彩变化，拟人状物，抒情写意，表现了大自然的勃勃生机和人生情感的千变万化。风开柳眼，露浥桃腮；碧荷铸钱，绿柳缫丝；桂子风高，芦花月老；山骨苍寒，岩边梅笑；令人陶醉，引人感悟。

水流石注幽谷情

半山观景亭

园路绿地花境

道路转角空间植物造景

近自然山林化主路空间

3.4　热带园林植物专类花园

3.4.1　广州兰圃

广州兰圃位于越秀区解放北路，面积约 4hm^2，景色秀丽、清香飘逸。兰圃始建于 1951 年，原为广州植物标本园，1962 年更名兰圃,1976 年对外开放。经过多年精心培育，兰圃已成为具有岭南园林艺术特色、以栽培观赏兰花为主的专类公园，是岭南现代园林的杰作之一。

兰圃宽约 85m，长 300 余 m，场地狭长。四周皆为闹市区，声音喧哗，景致纷杂。造园家因地制宜，创造出了一处清雅兰质、含蓄隐秀的艺术公园。走进兰圃，满眼是藤萝兰草，竹木葱茏。全园植物景观丰富，主要以植物来分隔空间和造景，在狭长的地段上扩大了观赏空间。游园仿佛身临山野，幽深而安静，百游不厌。园中选用的植物品种繁多，均根据不同园林植物的生态习性进行配置。尤其是一些耐阴性较强的观赏植物，做到适地适树并处理好种间关系，形成相对稳定的人工植物群落。

全园以司马涌为界分东西两部分，东部是以栽培兰花为主的专类花园区，西部是以芳华园、明镜阁两大名园为主的园中园区。运用中国园林传统的造园手法，由南至北设置若干个各具特色的景区。景区之间既分隔又联系，层次分明，园路曲折迂回，步移景异，园林建筑小巧精致，大方得体。其中，芳华园为我国参加 1983 年慕尼黑国际园艺展"中国园"的样板园。芳华园代表中国首次参加国际园艺展，荣获两枚大金奖，享誉世界。

广州兰圃蕉叶景门

兰室对联

第3章　华南热带园林植物造景实例

兰圃内丰富而精致的植被　　　　　　　　兰香铺满路

兰圃园道　　　　兰花展室内景

芳华园植物景观　　　　　　　　　　　英石与植物组合

3.4.2 南宁青秀山兰园

青秀山是南宁市区的"城市绿肺",植物资源丰富,荟萃南亚热带珍稀、名贵植物品种,在国内享有盛誉。青秀山兰园是一个富有特色的兰科植物大观园,兼备观赏游览和科普教育等功能,对于广西兰科植物种质资源保护和展示,提升青秀山景观质量都有积极意义。

青秀山兰园总图

青秀山兰园的设计理念是"文脉·水理·花怡",运用多种植物造景手法,以兰花作为景观设计主线,将多种地生兰、附生兰和腐生兰配置成花色缤纷、花香四溢的花带、花田、花海和花园景观。全园可分为文化休闲、核心观赏、野趣体验、兰湖景观和种植资源收集五大功能区,共设置主要景点9处,分别是:

兰园水景区

热带兰花景墙

兰园温室区内景

树兰景观

第 3 章　华南热带园林植物造景实例

兰韵文化广场、文化长廊、同心芳坪、绚兰花田、撷芳园、兰亭和兰涧、泽畔汀兰、空中花园、九歌眺台。园中以藤本和附生兰为主体的热带雨林空中花园极富特色，并将兰科植物与水生植物、婚庆主题植物等结合运用。

青秀山兰园在大量收集兰花品种的基础上，通过营造温室展馆及相关景点，综合运用雨水花园、旱溪、雾森等技术，结合兰湖打造自然亲水景观，创造了一个功能全面、风景优美、花香四溢的特色景区。据统计，园中收集栽培有广西本土生长的兰科植物共 139 种，外来引种且生长良好的有 63 种；它们按花色可分为 8 个色系，分别是红、白、粉、黄、蓝、紫、绿和复色；按花香又有清香型、浓香型和微香型。这些珍贵的兰科植物乡土种质资源，对兰园的景观营造做出了重要贡献。

树兰景观

热带附生兰　　　　　　　热带兰造景

树兰景观

兰园山坡植被

热带兰桩景

舞女兰花境

3.4.3　广州华南植物园

中国科学院华南植物园位于广州天河区龙洞天源路，由著名植物学家陈焕镛院士创建于 1929 年，是我国历史最久、种类最多、面积最大的南亚热带植物园，被誉为永不落幕的"万国奇树博览会"。全园占地面积 300hm²，引种热带亚热带植物 6000 种，保存植物 13000 多种，其中热带亚热带植物 6100 多种，经济植物 5300 多种，国家保护的濒危野生植物 430 多种，在国际上享有"中国南方绿宝石"之美称。

在建园过程中，华南植物园努力遵循"师法自然"的中国园林美学思想，根据植物分类系统和生态习性，建立了木兰园、姜园、竹园、棕榈区、孑遗

华南植物园龙洞琪林景观

湖区水榭与背景林

苏铁园仿真恐龙

第 3 章　华南热带园林植物造景实例

植物区、药用植物区、兰园、苏铁园、蕨类与阴生植物区、兰园、凤梨园、杜鹃园、山茶园、城市景观生态园、能源植物区、澳大利亚植物园等近 30 个专类园。其中，龙洞琪林是园中最有代表性的景点之一，由棕榈园和子遗园两个半岛及人工湖组成，整个景观自然和谐，1986 年入选为"羊城八景"。棕榈园内棕榈植物四季碧绿，椰风葵林一片热带风情。子遗园内落羽杉四季分明，春来嫩绿、入夏青葱、秋时棕红、冬来飘落，宛如一幅四季风景图。蒲岗自然教育径，是我国第一个以南亚热带季风常绿阔叶林的植被群落景观向公众普及植物学和生态学知识的场所。占地 8 hm² 的木兰专类园收集了木兰科植物约 11 属 150 种，保存有华盖木、观光木、盖裂木、鹅飞掌楸、合果木、大果木莲等珍稀濒危植物，是目前世界上收集木兰科植物种最多的种质资源保存基地之一，被誉为"世界木兰中心"。

此外，华南植物园倡导无私奉献的"绿叶情操"、开拓进取的"细根精神"和志存高远的"木棉风采"，形成该园独具特色的创新文化，体现了"唯实、求真、协力、创新"的科学精神。

凤梨园入口

药园李时珍雕像植物配置

苏铁园入口

蕨类阴生植物区

兰园入口

棕榈园

热带园林植物造景

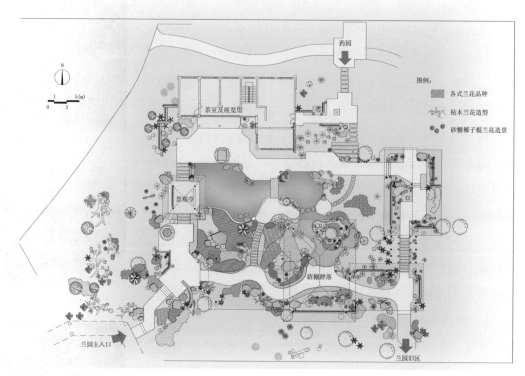

兰园新区设计

阴生植物区花架

沙生植物区

兰园内景

热带兰展室

3.4.4　深圳仙湖植物园

深圳仙湖植物园位于深圳市罗湖区东郊的莲塘仙湖路，东倚梧桐山，西临深圳水库，占地 546 hm²，始建于 1983 年，1988 年对外开放；2007 年被国家旅游局评为 4A 级景区，2008 年被国家建设部评为"国家重点公园"。它集植物收集、研究、科普、旅游、休闲功能为一体，是我国南亚热带园林植物科学研究的重要基地。全园收集、引种活植物 8000 多种，建有木兰园、珍稀树木园、棕榈园、竹区、阴生植物区、沙漠植物区、百果园、水生植物园、桃花园、裸子植物区、盆景园等 21 个植物专类园。全园分为天上人间景区、湖区、庙区、沙漠植物区、化石森林景区和松柏杜鹃景区等六大景区，建有

仙湖植物园银海枣景观　　　　　　　阴生植物区

仙湖植物园湖区

兰园内景

苏铁园

木化石景区

沙漠植物区

别有洞天、两宜亭、玉带桥、龙尊塔、听涛阁、揽胜亭、蝶谷幽兰等十几处园林景点，独具特色的化石森林和古生物博物馆享誉全国。

仙湖植物园自 1988 始收集苏铁类植物，1994 年始建起苏铁园，面积达 3 hm²，建有喷泉、万年亭等景点，并有苏铁活体材料保存区、古苏铁林、苏铁盆景园、苏铁繁殖温室和苗圃等。2002 年 12 月成立了"国家苏铁种质资源保护中心"，保育有苏铁类植物共计 3 科 10 属 240 余种，居世界第二，独具特色。

园中共收集原产热带亚洲、美洲、大洋洲、非洲、太平洋岛屿及中国的棕榈科植物约 60 属 150 种，建成了规模较大和特色显著的棕榈专类园。除较常见的大王椰子、假槟榔、散尾葵、棕榈、蒲葵、三药槟榔等外，还有些树形奇特、观赏性极高的种类，如酒瓶椰子、棍棒椰子、三角椰子、红三角椰子、贝叶棕、红脉葵、霸王棕、狐尾椰子、园叶轴榈、象鼻棕等；另有些原产中国的珍稀濒危种类，如琼棕、矮琼棕、石山棕、毛花轴榈、龙棕等。

南洋杉大草坪

热带兰花道

天池游憩区花境

3.4.5　海南兴隆热带花园

　　海南兴隆热带花园位于万宁市兴隆华侨农场南旺水库区。原址为一处老化的橡胶园、丢荒耕地及残留沟谷雨林的土地。1992 年由归侨郑文泰老先生回乡投资创建，1997 年 5 月建成迎宾。其定位是热带雨林生态保护区、环境教育基地和物种基因库，被联合国旅游组织称为"世界自然生态保持最完美的植物园"。

　　兴隆热带花园濒临南海，属热带季风气候。受热带海洋气候的影响，光照充足，雨量充沛，冬无严寒，夏无酷暑，加上独特的地形地貌，为各种生物的繁衍生息提供了优越的自然条件。全园种植各种热带植物约 100 万株，先后从国外引进上千种来自世界各地的热带、亚热带植物到园中种植和繁育，

热带气息浓郁的迎宾大道

霸王鞭

山明水秀的绿色王国

如龙船花、狐尾椰、红槟榔、霸王桐、长叶暗椤等，使园内物种更加丰富。经过多年努力，热带花园的生态环境日益改善，生物量不断增加，建成了拥有3400多个植物品种、具有不同功能的示范区。同时，热带花园还成为野生动物的放生点、保护区及候鸟栖息地。据统计，在花园400hm² 范围内已发现各种鸟类60多种，兔、狐、猴、蛇类等野生动物有几十种。

热带花园离兴隆温泉旅游城6 km，周边景点有侨乡国家森林公园、亚洲风情园、三角梅花海、天涯热带雨林博物馆、石梅湾、日月湾等。园内重点栽培棕榈科、苏铁科、热带兰花等物种，开辟了热带植物园、农业观光区和花果品尝区、热带花木科研基地，已形成自然优美的植物景观。

清秀的蒲葵

植物迷宫

椰壳护栏

椰林与大叶油草组合

朱顶红花境

3.5　热带度假酒店园林景观

3.5.1　广州和珠海长隆度假酒店

　　长隆度假酒店是国家改革开放后，广东长隆集团以超白金五星级标准和国际领先的生态主题酒店理念倾力打造的国际水平休闲度假酒店品牌，已开业的有两家，分别位于广州和珠海。

广州长隆酒店热带植物郁郁葱葱

客房阳台花带

椰树列队迎宾

珠海长隆酒店门标与植物配景

广州长隆酒店地处国家 5A 级精品景区——番禺区长隆旅游度假区的中心，总建筑面积达 36 万 m²，拥有融入不同生态意念的特色客房和国际会展中心等设施。酒店左揽长隆欢乐世界，右依香江野生动物世界，前拥长隆高尔夫练习中心，后傍广州鳄鱼公园，与长隆水上乐园及长隆国际大马戏为邻。酒店拥有中国唯一放养白虎及火烈鸟的中庭花园，咫尺之隔饱览大自然的奇妙造化，让人亲身体会非洲草原的自然气息。酒店于 2009 年及 2010 年连续两年获得"中国最佳主题酒店"殊荣。

珠海长隆横琴湾酒店是中国最大的海洋生态主题度假酒店，坐落于珠海横琴岛长隆国际海洋度假区的中心，总建筑面积达 30 万 m²，1888 间客房，2013 年开业。酒店毗邻大海，鸟瞰澳门宽阔的海岸线，周围是海浪和沙滩，风景壮阔，具有浓郁的海洋风格。宾客在此可惊奇地看到海豚、海象、鱼类和其他海洋生物雕塑散布在酒店的各个角落。丰富的海洋元素和令人惊叹的海豚主题形象，使之跻身世界最具风格的主题酒店行列。酒店与长隆海洋王国间开了一条近 1000m 长的运河，游客可直接乘船往来，并欣赏沿河两岸美妙风光。

长隆度假酒店是南亚热带地区休闲度假酒店的典范，能让宾客"一站式"、全方位体验长隆景区的主题公园、文化演艺、餐饮住宿和商务休闲服务，充分享受到世界级旅游王国的超凡乐趣。

酒店庭园

运河及两岸植物景观

酒店仙柏园

泳池区植物配置

第3章　华南热带园林植物造景实例

3.5.2 澳门威斯汀度假酒店

威斯汀度假酒店位于澳门最南端的路环黑沙马路旁，楼高8层，外形呈阶梯状。酒店总占地面积150 hm²，面向南中国海，侧靠如诗如画的黑沙海滩，是澳门顶级酒店之一。酒店以澳葡式建筑风格为主，设客房208间，每间均设有宽敞阳台，无敌海景尽收眼底，气势扣人心弦。酒店配建有标准18洞高尔夫球场，茵茵绿草连绵起伏，风景如诗如画。

酒店的花园环境营造带有鲜明的葡萄牙及南欧园林风格，植物色彩艳丽，小品造型简洁。大门外的喷泉和四周精心设计的花坛，鲜花盛开，园艺精湛。酒店大堂所采用的颜色、背景音乐、环境装饰以及间隔布局，均营造出一种轻

威斯汀酒店前庭

酒店前庭疏林草地

前庭迎宾草坪

酒店泳池区

裙房墙面绿化

酒店高尔夫球场

外廊立体绿化

海滨观景台

松闲逸的气氛。坐在大厅里舒适的长沙发和椅子上，可以尽情欣赏室外花园的美丽景致。连接酒店各功能区的走道空间，多采用攀援植物垂直绿化，处理成花架连廊形式，景观绿意盎然。

澳门是世界休闲旅游中心城市，每年到访的国内外游客高达 3000 万以上，主要城区街头和旅游景点均人头攒动，川流不息。威斯汀度假酒店是身处闹市、远离喧嚣、进行完美逍遥游的理想之地。酒店营造出了一个世外桃源，周围的翠绿森林占地 61 hm^2，前景是静谧的南海。酒店现代设施及花园环境创造出温馨舒适的"天梦之床"和"天梦之浴"（Heavenly Bed and Bath），能让宾客一觉醒来顿觉神清气爽，心旷神怡。

富有葡式风格的植物配置与小品装饰

充分利用原生植被绿化

婚庆草坪

泳池周边绿化

阳光休憩廊

山海相接——酒店选址绝佳

绿意盎然的餐厅

3.5.3 深圳华侨城洲际大酒店

深圳华侨城洲际大酒店是深圳第一家以白金五星级标准建造的酒店，位于南山区深南大道 9009 号，毗邻深圳湾"锦绣中华"和"世界之窗"景区，2006 年 12 月开业。酒店占地面积 6 hm²，总建筑面积近 11 万 m²，有各式客房 549 间、中西美食餐厅及各种娱乐休闲设施，欧式风情浓郁，以低调奢华和卓越智慧倾力打造 21 世纪的旅行者天堂。酒店以西班牙风格为主题，充分利用"水"和"船"景观元素演绎发挥，整体形象仿佛一艘扬帆的巨轮正从深圳湾启航。酒店两翼则延伸出极具特色的艺术工作坊及酒吧一条街。酒店周围充分利用优美独特的地理环境建造开放式园林。

深圳洲际酒店中心庭园鸟瞰　　　　　　　　　　大王椰子树列

庭园轴线　　　　庭园中的热带海滩

第3章　华南热带园林植物造景实例

中心花园是洲际酒店主要的室外园林，也是住客开展户外游憩活动的地方。它借鉴西班牙风格建造，采用环回式园路系统，主景是 2000m² 沙滩泳池构成的绿色游憩空间。富有热带风情的泳池旁停泊着"桑塔玛丽亚"号古帆船模型，历史上它曾伴随探险家哥伦布发现了美洲大陆。"船吧"内经常举行别开生面的派队狂欢，美食、美酒、美景融为一体，为宾客带来别样享受。

酒店泳池区

泳池沙滩区

沙滩区的热带植物配置

庭园游憩区

著名书画家关山月题字

庭园春花烂漫

植物与水景组合

植物与雕塑组合

高迪风格的景观小品

借鉴西班牙著名艺术家高迪造型艺术手法设计的假山花园，是酒店庭园的重要景观节点。由粗糙岩石饰面支柱承托的架空底层与泳池直接相连，上层为阶梯平台覆土种植的植物组群，形成类似空中花园的景观。假山上喷出的瀑布水帘落入泳池，水花四溢，构成一幅动感活泼的画面。宴会厅外的高迪花园，由两组波浪形构筑物结合水池、小桥、花台、雕塑小品组合形成，设计手法精致细腻。全园巧用热带植物配置造景，种植形式规则与自然相结合，形成简洁精致的景观效果。

景观泳池岸边植物装饰

3.5.4　广东新兴禅泉度假酒店

　　禅泉度假酒店位于广东云浮市新兴县六祖故里旅游度假区，毗邻佛教禅宗圣地国恩寺，占地面积 12 万 m^2，建筑面积 7.6 万 m^2，是华南地区首家以南宗禅文化为主题的温泉酒店。酒店设计将"禅宗静养文化、岭南温泉文化、生态养生文化、中式园林艺术、国际 SPA 文化"理念和岭南建筑艺术相融合，力求体现禅宗文化和岭南特色。酒店拥有 290 间中式禅意客房和套房，25 组岭南庭院风格精品别墅，配备全套定制的珍稀红木家具及用具，精雕细琢，格调高雅、大气而内隐，充满粤风禅韵，堪称经典传世之作。

　　酒店大堂与主楼、裙楼组成"品"字形六大庭院布局，周边辅以水景池、

禅泉酒店入口景观

巧用竹林造景　　　　　　　　　　　　　　　中庭植物造景

花灌木与山石组合的门标

富有岭南风韵的水体岸线

养生平台景观   小院主景菩提榕

第3章 华南热带园林植物造景实例

静泻水帘、跌级瀑布、龙山湖、精品别墅群和大型叠石瀑布、中式园林景观等构成一幅完美的画卷。酒店拥有广东独一无二的天然硫磺温泉，设有动感水疗 SPA 及名贵中草药泡池——禅家百草园等 28 个特色温泉池，精致、简约、奢华。建筑木构部分全部采用进口柚木和传统榫卯结构，设计独特、工艺精湛。酒店景区层林叠嶂、奇珍异石、飞流瀑布之间，25 栋岭南建筑风格的精品别墅大隐其中。透过青砖灰瓦，令人感受禅宗文化之深邃意境。

　　酒店庭园及外部环境的植物配置与造景风格自然、简洁，色调青绿素雅，既充满南亚热带气息，又非常富有禅意。尤其令人称道是酒店外围的水景与花木搭配处理得当，与主体建筑相映生辉，十分动人。

禅意花园　　　　　　　　　　　　　　　　水石松花台构景

红花绿树与天光云影交相辉映

3.5.5　金茂三亚丽思卡尔顿酒店

海南三亚是世界著名的海滨旅游度假胜地，以其热带海洋性气候、优质洁净的沙滩、独特的自然风光吸引了高档酒店、度假村云集荟萃。其中，金茂三亚丽思卡尔顿酒店（The Ritz Carlton, Sanya）是最具热带园林特色的杰出范例。

酒店门标及叠水花坛

中心庭园疏林草坪

第3章　华南热带园林植物造景实例

酒店坐落于亚龙湾细白沙滩和红树林保护区之间，由世界顶尖酒店设计公司 WATG Design 倾情出品。整体建筑的创作灵感来自北京颐和园的经典元素，斜尖屋顶、深色实木、细致雕刻和陶瓷锦砖镶嵌纹饰，不仅融入亚洲古典优雅的文化气质，也无形地彰显了丽思卡尔顿的品牌理念："向永恒的奢华致敬"。酒店共有 450 间客房，建筑师将其平面设计成字母 U 形，每间客房面积均超过 60 m²。度假村内 33 座别墅均带有私人泳池，客人在此可独享奢华的尊贵礼遇。酒店的风格特色为自然、海岛、海滩、水疗，确保宾客在此度过放松享受的悠闲时光。酒店在园林布局上非常讲究，充分利用海岸景观资源，精心配置大量

喷泉小品与花带草坪组合

泳池边的热带植物景观

酒店泳池区

棕榈科植物，构成茂密葱郁的诸多热带花园，并将水景巧妙融入宾客居所之内，让人真切感受南中国海滨惬意怡人的热带风情。

　　酒店的海滨别墅针对不同喜好的宾客而建，风景各有不同。人们可在别墅里享受沙滩、椰树与海景，体验泡在露天泳池内眺望海洋、水中有水的感受。一居室的红树林景观别墅，专享一片静谧的空间，露天泳池面对绿树花丛及绵延群山。宾客可于清晨欣赏薄雾微起的红树林景观；或在室外凉亭感受南

泳池里的椰树种植

客房区庭园

首层客房入户泳池与植栽

第 3 章 华南热带园林植物造景实例

国海岸怡人的清风。迷人的丽园居别墅被繁茂的热带花园所环绕，充满清新的绿意。酒店内有三亚唯一的海景婚庆礼堂，坐落于亚龙湾宁谧质朴的细白海滩上，面积约 245 m^2，是 60 人以内高端私人婚典场地的绝佳选择。

酒店入口道旁的特色热带植物

花木围合的儿童戏水空间

景观水池的植物配置

水生植物造景

椰林下的人工沙滩

中庭植物与水景组合

路缘与树穴地被植物装饰

睡莲与椰树组合造景

第4章
热带园林乔木
与灌木类植物

  热带园林中乔灌木类植物种类丰富、应用广泛，按其叶形、叶色、株型、花色等观赏特性分别应用于各类绿地中，发挥生态、观赏、防护等功能。

  热带公园绿地旨在创造优美的自然游憩环境，乔灌木组群景观营造常采用孤植、对植、列植、树丛和树群的形式。如公园入口和重要节点处常用形态独特的木棉、美丽异木棉、小叶榕、黄葛榕、凤凰木等孤植，突出个体美。建筑景门两侧常对植二乔玉兰、紫薇、桂花、茶花等突出秩序美。广场绿地常用红花羊蹄甲、樟树、复羽叶栾树、小叶榕等群植。假山叠石和园林小品造景常配搭紫薇、三角梅、茶花、红千层等花灌木。园路两侧常用樟树、阴香、秋枫、麻楝、大花紫薇、尖叶杜英、凤凰木等乔木，搭配朱蕉、毛杜鹃、琴叶珊瑚、茶花等灌木，起到遮阴、隔离和观赏效果。疏林草地常用观赏性强的乔灌木形成季相变化。春夏常用木棉、红花羊蹄甲、二乔玉兰、大花第伦桃、大花紫薇、凤凰木、腊肠树、中国无忧花、复羽叶栾树、鸡蛋花、紫薇、三角梅、茶花、红千层、朱槿、金凤花等造景；秋冬常用美丽异木棉、串钱柳、洋紫荆、黄金香柳、红千层、澳洲鸭脚木、马拉巴栗、变叶木等造景。

  热带道路绿地常选用树干通直、抗风能力强且遮阴效果好的乔木，兼顾生态防护和美化街景。常用行道树种有大王椰子、椰子、细叶榕、高山榕、小叶榄仁、樟树、阴香、麻楝、芒果、人面子、白兰、火焰木、蒲桃、海南蒲桃、木棉、美丽异木棉、小叶榄仁、黄槐等。道路分车带和人行道绿化带常用紫薇、巴西野牡丹、朱槿、悬铃花、变叶木、雪花木、琴叶珊瑚、朱缨花、金凤花、双荚决明、红花檵木、四季桂、尖叶木樨榄、黄金香柳、变叶木、龙船花、金叶假连翘、蔓马缨丹、红背桂等灌木。

  热带防护绿地常选用耐贫瘠、抗风、防火、病虫害较少的乔灌木，注重常绿和落叶乔木相搭配，速生与慢生树种相结合，以发挥良好的生态效益。防护绿地宜多用本土树种，如木荷、海南蒲桃、桂花、海桐等。住区绿地常用冠大荫浓、观赏性高、季相变化明显、病虫害较少的乔灌木，有利于提升住区环境品质，其常用造景植物与公园绿地相似。

  近年来，不少国外引进植物已渐入华南，如春季满树金黄的黄花风铃木、夏季开满蓝紫花的蓝花楹、花色鲜艳的火焰木等，为南国城市增添了艳丽色彩。

4.1 乔木类植物

4.1.1 南洋杉（尖叶南洋杉、鳞叶南洋杉） *Araucaria cunninghamii*

科　　属： 南洋杉科　南洋杉属

形态特征： 常绿乔木，主枝轮生，幼树呈整齐的尖塔形，老树成平顶状；叶二裂，生于幼枝及侧生小枝的叶排列疏松，钻形，端尖锐；生于老枝上的则密聚，卵形或三角状钻；雌雄异株，球果卵形，苞鳞刺状且尖头向后强烈弯曲；种子两侧有翅。

生态习性： 阳性树种树种，喜温暖湿润气候，不耐寒，抗风，不耐干旱和瘠薄；喜生于肥沃、避风和排水良好的土壤。

园林用途： 树形高大，姿态苍劲挺拔，宜孤植为观赏树和行道树，或列植作纪念树。

植株全貌

叶

小枝

园林应用

4.1.2 水杉（水桫） *Metasequoia glyptostroboides*

科　　属： 杉科　水杉属

形态特征： 落叶乔木，树皮条片状脱落；大枝斜展，小枝下垂；叶条形，交互对生，羽状二裂；雌雄同株，球果下垂，当年成熟；种子倒卵形，周围有窄翅。花期 2 月，球果当年 11 月成熟。

生态习性： 阴性树种，喜温暖湿润气候，耐低温；适于肥沃深厚、湿润、排水良好的酸性土；不耐涝，不耐旱。

园林用途： 秋色叶植物，宜作为庭荫树或片植为风景林。

植株全貌

叶

叶和干

园林应用

4.1.3　落羽杉（落羽松）　　　*Taxodium distichum*

植株全貌

科　　属：杉科　落羽杉属

形态特征：落叶乔木，干基部常膨大，具膝状呼吸根；叶条形，先端尖，排成羽状两列；球果具短梗，种子褐色；花期3~5月，球果次年10月成熟。

生态习性：强阳性，喜温暖湿润气候；极耐水湿，耐低温、耐盐碱、耐水淹、耐干旱瘠薄、抗风、抗污染、抗病虫害，酸性土到盐碱地都可生长。

园林用途：树形整齐，树姿优美，是良好的秋色叶树种，适合片植于水旁作为防风护岸树种。

叶

果

干

4.1.4　竹柏（细叶竹柏、罗汉柴）　　　*Nageia nagi*

植株全貌

科　　属：罗汉松科　竹柏属

形态特征：常绿乔木，叶对生或近对生，长卵形或针状椭圆形，革质，具多数平行细脉，无中脉；种子球形，熟时暗紫色，包片不发育成肉质种托；花期3~4月，种子10月成熟。

生态习性：阴性树种，喜温热潮湿多雨气候；对土壤要求严格，适于排水良好、肥厚湿润、呈酸性的沙壤或轻黏土上生长。

园林用途：宜作为庭荫树和行道树。

园林应用

叶

果

4.1.5 罗汉松（罗汉杉） *Podocaarpus macrophyllus*

科　　属： 罗汉松科　罗汉松属

形态特征： 常绿乔木，单叶螺旋状排列，线状披针形，顶端渐尖或钝尖；种子卵圆形，成熟时为紫色或紫红色，着生于肥厚肉质的种托上；花期 5 月。

生态习性： 喜半阴，喜温暖湿润气候，耐寒性略差；怕水涝和强光直射，喜肥沃、排水良好的沙壤土。

园林用途： 多对植于小庭院门前；或列植于墙垣；或孤植于山石旁，或作树桩盆景。

植株全貌

叶

果

果（成熟）

4.1.6 荷花玉兰（洋玉兰、广玉兰） *Magnolia grandiflora*

科　　属： 木兰科　木兰属

形态特征： 常绿乔木，树冠圆锥形，叶厚革质，椭圆形或倒卵状椭圆形，表面深绿色、有光泽，背面密被锈色绒毛；白花单生于枝顶，花大，荷花状。聚合果圆柱形；花期 5~6 月，果期 9~10 月。

生态习性： 弱阳性，喜温暖湿润，抗污染，不耐碱土；较耐寒，在肥沃、深厚、湿润而排水良好的酸性或中性土壤中生长良好。

园林用途： 宜作为庭荫树和行道树。

植株全貌

枝

叶

花

4.1.7　二乔玉兰（苏郎木兰、珠砂玉兰）　*Magnolia soulangeana*

科　　属：木兰科　木兰属

形态特征：落叶小乔木，叶倒卵形，中脉基部常有毛，叶柄
多柔毛；花钟状，花被片6~9，外轮3片常较短，
萼片状，绿色，内两轮长倒卵形，外面淡紫红色，
内部常为白色；聚合蓇葖果，熟时黑色，具白色
皮孔；花期3~4月；果熟期9~10月。

生态习性：喜光，耐半阴；宜选深厚、肥沃、排水良好的土壤；
抗寒性较强。

园林用途：花大色艳，观赏价值高，宜在公园片植或孤植。

植株全貌

叶　　
花芽　　
花

4.1.8　白兰（缅桂、白兰花）　*Michelia alba*

科　　属：木兰科　含笑属

形态特征：常绿阔叶乔木，分枝少；单叶互生，叶较大，长
椭圆形或披针状椭圆形，全缘，薄草质；花单生
于当年生枝的叶腋，白色或略带黄色，极香；花
期4~9月，夏季最盛，不结果。

生态习性：喜温暖湿润气候；宜通风良好，日照充足；怕寒冷，
忌潮湿，既不喜荫蔽，又不耐日灼。

园林用途：香花树种，树形优美，开花清香宜人，宜作庭荫
树和行道树。

植株全貌

叶　　
枝　　
花

4.1.9　醉香含笑（火力楠）　*Michelia maclurei*

科　　属：木兰科　白兰属

形态特征：常绿乔木，树皮灰白色；芽、幼枝、叶柄、花梗均被平伏短柔毛；叶革质，倒卵形，先端短尖，叶背被灰色毛，叶柄无托叶痕；花被片数 9~12，白色，具浓郁香气；聚合果长圆形，疏生白色皮孔；花期 3~4 月，果熟期 9~11 月。

生态习性：阳性树种，喜温暖湿润气候及酸性土；耐寒，抗旱，抗污染，忌积水。

园林用途：树冠广圆，枝叶浓绿美观，花香果美，宜作庭荫树、风景树及行道树。

植株全貌

叶

干

花

4.1.10　阴香（山玉桂、野玉桂）　*Cinnamomum burmanni*

科　　属：樟科　樟属

形态特征：常绿乔木，树皮灰褐至黑褐色，有近似肉桂的气味；幼嫩枝梢的气味近似檀香；叶不规则对生或为散生，革质，卵形至长椭圆形；果实卵形，花期 3 月。

生态习性：喜光，喜肥沃、疏松、湿润而不积水的环境，自播力强，适应范围广。

园林用途：宜作庭荫树和行道树，对氯气和二氧化硫均有较强的抗性。

植株全貌

叶

果

花

4.1.11 樟树（香樟）　　*Cinnamomum camphora*

科　属：樟科　樟属

形态特征：常绿乔木，树皮灰褐色，纵裂；叶互生，卵状椭圆形，薄革质，离基三出脉，脉腋有腺体，全缘；圆锥花序腋生于新枝，花被淡黄绿色，6裂；核果球形，熟时紫黑色，果托盘状；花期5月，果9~11月成熟。

生态习性：喜光，喜温暖潮湿的气候；抗风，抗大气污染；不耐干旱、瘠薄，忌积水，生长快，寿命长。

园林用途：宜作庭荫树、行道树、防护林及风景林。

植株全貌

叶

花

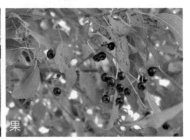
果

4.1.12 大花紫薇（洋紫薇、大叶紫薇）　　*Lagerstroemia speciosa*

科　属：千屈菜科　紫薇属

形态特征：落叶乔木，单叶对生，椭圆形、长卵形至长椭圆形；圆锥花序顶生，花紫色，花形大，边缘呈不齐波状，花萼有明显槽纹；蒴果圆球形，成熟时茶褐色，自裂成六片；花期5~7月，果期8~10月。

生态习性：阳性植物，喜高温湿润气候，在全日照或半日照之地均能适应，对土壤选择不严，抗风，稍耐寒，耐干旱和耐瘠薄。

园林用途：宜作行道树、园景树与庭荫树，配置时孤植、列植、群植均可。

植株全貌

叶

花

果

4.1.13　大花第伦桃（枇杷树）　　*Dillenia turbinata*

科　　属：第伦桃科　第伦桃属

形态特征：常绿乔木，叶革质，倒卵形或倒卵状长圆形，边
　　　　　缘有疏锯齿；顶生总状花序，总花梗被黄褐色粗
　　　　　毛，不具花苞片，花大，黄色；果近球形，不开裂，
　　　　　暗红色；种子数多，倒卵形，暗褐色。

生态习性：喜高温、湿润、阳光充足环境，对土壤要求不严。

园林用途：宜作行道树和庭荫树。

植株全貌

叶

花

果

4.1.14　木荷（荷树、荷木）　　*Schima superba*

科　　属：山茶科　木荷属

形态特征：常绿乔木，幼枝带紫色，无毛或近顶端有毛；单
　　　　　叶互生，革质，椭圆形或矩圆形，有光泽，边缘
　　　　　有钝锯齿；6月开花，花单生枝顶叶腋或成短总
　　　　　状花序，白色，具芳香；10月果熟，蒴果近球形，
　　　　　黄褐色，木质五裂；种子肾形，扁平，边缘有刺。

生态习性：喜温暖湿润气候；较耐寒，忌水湿，能耐干旱瘠
　　　　　薄土地，但在深厚、肥沃的酸性沙质土壤上生长
　　　　　最快。

园林用途：树冠浓荫，花有芳香，可作行道树、风景林和防
　　　　　火带树种。

植株全貌

果

叶

花

4.1.15 串钱柳（垂花红千层、瓶刷子树） *Callistemon viminalis*

科　　属：桃金娘科　红千层属

形态特征：常绿小乔，老枝银白色，幼枝棕红色，枝条细长如柳；单叶互生，披针形，全缘；穗状花序生在枝端，其上密生小花，圆柱状的花序如瓶刷子状；小花瓣 5 枚，丝状，雄蕊多数，细长；花初开呈鲜红色，后期变粉红色；木质化蒴果，可常存于枝上；花期 3~7 月。

生态习性：喜高温高湿环境，喜疏松湿润土壤。

园林用途：常栽植于湖边作观赏树种。

园林应用

植株全貌

叶

花

4.1.16 水翁（水榕） *Cleistocalyx operculatus*

科　　属：桃金娘科　水翁属

形态特征：常绿乔木，树冠广展，多分枝，小枝近圆柱形或四棱形；叶对生，近革质，卵状长圆形或狭椭圆形，两面多透明腺点；圆锥花序由多数聚伞花序组成，常生于无叶的老枝上，稀生于叶腋或顶生；花小，绿白色，有香味；浆果近球形，成熟时紫黑色，有斑点；花期 5~6 月。

生态习性：喜酸性和腐殖质丰富的疏松肥沃土壤，耐水湿，喜生水边或小溪上边。

园林用途：宜片植或列植于湖边和道路两侧。

植株全貌

花

叶

园林应用

4.1.17 柠檬桉（白树、油桉） *Eucalyptus citriodora*

科　　属： 桃金娘科　桉属

形态特征： 常绿乔木，树干挺直，树皮光滑，灰白色；幼态叶披针形，具浓郁的柠檬香味，成熟叶条形；圆锥花序腋生，总花梗有棱，帽状花盖半球形，顶部具小尖头；蒴果壶状或坛状；花期4~9月。

生态习性： 强阳性树种，不耐荫蔽；喜暖热湿润气候；喜湿润土壤，不耐寒，易受霜害；对土壤要求不严格，生长快。

园林用途： 宜作公园和道路的行道树，或用于山坡地绿化。

植株全貌

干

叶

干

4.1.18 白千层（脱皮树、千层皮） *Melaleuca leucadendron*

科　　属： 桃金娘科　白千层属

形态特征： 常绿乔木，树皮厚而疏松，白色或灰色薄片状；叶扁平，坚硬革质，披针状椭圆形或倒披针形；花排成试管刷状穗状花序，乳白色或淡红色；蒴果木质，簇生枝条上；花期秋冬季。

生态习性： 喜光，喜温湿气候，不耐寒；耐水湿，不耐旱，抗风，抗大气污染。

园林用途： 树皮白色，树皮美观，并具芳香，宜作防护林或行道树。

植株全貌

叶

花

树皮

4.1.19 海南蒲桃（乌墨、黑墨树）　　*Syzygium cuminii*

植株全貌

科　　属：桃金娘科　蒲桃属

形态特征：常绿乔木，单叶对生，叶片长椭圆形，革质，先端钝或突渐尖，基部宽楔形，全缘或稍有波状弯曲；羽状侧脉纤细，下面凸起，在近边缘处汇成边脉；聚伞状圆锥花序侧生或顶生，花多数，萼管陀螺形；花冠白色，芳香；花瓣4，近圆形；浆果卵球形，熟时暗红紫色，7~8月成熟。

生态习性：喜光，喜温暖湿润至高温湿润气候，抗风力强，不耐干旱和寒冷，对土质要求不严。

园林用途：宜作公园庭荫树和行道树。

叶

花

果

4.1.20 蒲桃（水蒲桃、香果）　　*Syzygium jambos*

科　　属：桃金娘科　蒲桃属

形态特征：常绿乔木，主干短，分枝较多；树皮灰黑色，光滑；叶对生，革质而光亮，长椭圆形状披针形，叶肉具透明点；花绿白色，聚伞花序顶生；浆果核果状，淡绿或淡黄色，球形或卵形；全年均可开花结果。

生态习性：阳性树种，喜湿热气候及酸性土壤，耐湿，喜生长在河旁、溪边等近水地方，有一定的抗二氧化硫能力，深根性，枝干强健，易繁殖。

园林用途：宜作庭院观赏绿化，又可作行道树、堤岸树和工厂绿化及防护林带。

植株全貌

叶

花

果

4.1.21 洋蒲桃（红蒲桃、莲雾） *Syzygium samarangense*

科　　属： 桃金娘科　蒲桃属

形态特征： 常绿乔木，单叶对生，薄革质，下面有小腺点；聚伞花序顶生或腋生，花白色；果梨形或圆锥形，肉质，有光泽；花期3~5月。

生态习性： 喜光，喜高温多湿气候；喜湿润肥沃的土壤；抗风力强，抗大气污染，不耐干旱、瘠薄和寒冷。

园林用途： 优良的观果植物，宜在广场或水边配置，也可作行道。

植株全貌

叶

花

果

4.1.22 细叶榄仁（小叶榄仁、非洲榄仁树） *Terminalia mantaly*

科　　属： 使君子科　榄仁树属

形态特征： 半落叶乔木，主干挺直，侧枝分层轮生于主干四周；小叶枇杷形，具短绒毛，冬季落叶，春季萌发青翠的新叶；树形虽高，但枝干极为柔软；花小不显著，穗状花序。

生态习性： 喜高温多湿气候，耐湿热，生长迅速，不择土质，但以肥沃的沙质土壤为最佳。

园林用途： 优良的观树形树种，可作公园观赏树和行道树。

植株全貌

叶

嫩叶

园林应用

4.1.23　尖叶杜英（长芒杜英）　　*Elaeocarpus apiculatus*

科　　属： 杜英科　杜英属

形态特征： 常绿乔木，有板根，分枝呈假轮生；叶革质，倒披针形；总状花序生于分枝上部的叶腋，花冠白色，花瓣边缘流苏状，芳香；核果圆球形，绿色；夏季为开花期，种子秋末成熟。

生态习性： 喜光，喜温暖至高湿气候；深根性，抗风力强，不耐干旱和瘠薄，喜肥沃湿润富含有机质的土壤。

园林用途： 宜作公园观赏树和行道树。

植株全貌

叶

花

果

4.1.24　水石榕（海南胆八树、海南杜英）　　*Elaeocarpus hainanensis*

科　　属： 杜英科　杜英属

形态特征： 常绿小乔，分枝假轮生；叶革质，倒披针形；总状花序，花冠白色，花瓣边缘流苏状；核果纺锤形，两端尖，绿色；夏季为开花期，种子秋季成熟。

生态习性： 半耐阴树种，喜高温多湿的气候；深根性，抗风能力强，不耐干旱，喜湿但不耐积水，须植于湿润且排水良好之地，喜肥沃和富有有机质的土壤。

园林用途： 宜作公园观赏树。

叶

植株全貌

花

果

4.1.25　假苹婆（赛苹婆、鸡冠木）　　*Sterculia lanceolata*

科　　属：梧桐科　苹婆属

形态特征：常绿乔木，具板根；叶具柄，近革质，椭圆状矩圆形近披针形；圆锥花序分枝多，腋生，通常短于叶；蓇葖果稍被茸毛，矩圆形，鲜红色，有黑褐色的种子1~5；夏初为开花期，种子秋季成熟。

生态习性：喜光，喜温暖多湿气候，不耐干旱，也不耐寒，喜土层深厚湿润的有机质土壤。

园林用途：树形整齐，宜作园林风景树和庭荫树。

植株全貌

叶

花

果

4.1.26　苹婆（凤眼果、富贵子）　　*Sterculia nobilis*

科　　属：梧桐科　苹婆属

形态特征：常绿乔木，树干通直，枝初疏生星状毛，后变无毛；单叶互生，倒卵状椭圆形；腋生圆锥花序下垂，花杂性，无花瓣，花萼微带红晕；花期4~5月，8~9月可二次开花；蓇葖果卵形，9~10月成熟时红色。

生态习性：喜光，喜温暖湿润气候；在肥沃排水良好的酸性、中性或钙质土壤均可生长，也较耐瘠薄。

园林用途：树冠整齐、树姿优美，宜作庭荫树或行道树。

植株全貌

果

叶

花和叶

4.1.27　木棉（攀枝花、英雄树）　　*Bombax malabaricum*

科　　属：　木棉科　木棉属

形态特征：　落叶乔木；枝条轮生成水平伸展，树干上具有粗
　　　　　　短的圆锥状刺；掌状复叶，小叶 5~7，长椭圆形；
　　　　　　花大，红色，聚生在枝顶，春天开放；蒴果大，
　　　　　　近木质，内有绵毛；花期 2~3 月。

生态习性：　喜光，耐旱；喜温暖的气候，深根性，速生。

园林用途：　树形高大雄伟，春天开大红花，宜作行道树和公
　　　　　　园观赏树，是常见早春观赏花木之一。

植株全貌

果

花

园林应用

4.1.28　美丽异木棉（樱花木棉、美人树）　　*Chorisia speciosa*

科　　属：　木棉科　爪哇木棉属

形态特征：　半落叶乔木，树干绿色，基部膨大，并生有疏瘤
　　　　　　状刺；侧枝呈斜水平状向上开展；叶互生，掌状
　　　　　　复叶，椭圆形或倒卵形，叶缘有锯齿；花顶生，
　　　　　　总状花序，花冠淡粉红色，裂片五瓣，近中心处
　　　　　　白色带紫褐；结蒴果似梨形，成熟开裂后，大团
　　　　　　棉絮包裹种子随风飞散；花期为 10~12 月。

生态习性：　强阳性树种，喜高温多湿气候；生长迅速，抗风，
　　　　　　不耐旱。

园林用途：　树干直立，主干有凸刺，树冠层呈伞形，生长快速、
　　　　　　花姿妍丽，宜作庭院树和行道树。

植株全貌

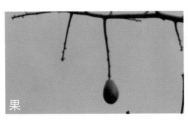

果

花

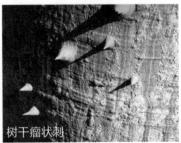

树干瘤状刺

4.1.29　黄槿（糕仔树、万年香）　　　　*Hibiscus tiliaceus*

科　　属：锦葵科　木槿属

形态特征：常绿乔木，树冠圆伞形；单叶互生，叶革质，广
　　　　　卵形，基部心形，有长柄，全缘或偶有不显之
　　　　　3~5浅裂，表面深绿而光滑，背面灰白色并密生
　　　　　柔毛；花黄色，花冠钟形，总苞状副萼基部合生；
　　　　　蒴果卵形，被柔毛；花期6~8月。

生态习性：喜光，喜温暖湿润气候；耐寒，耐干旱瘠薄，耐盐，
　　　　　抗风及大气污染。

园林用途：宜作行道树、园景树和海岸防护林。

植株全貌

叶

花

果

4.1.30　石栗（铁桐、黑桐油）　　　　*Aleurites moluccana*

科　　属：大戟科　石栗属

形态特征：常绿乔木，幼枝密被绣色星状毛；单叶互生，卵形，
　　　　　全缘或3~5裂，表面有光泽，基部有两浅红色小
　　　　　腺体；圆锥花序顶生，花小，乳白色至乳黄色；
　　　　　核果肉质，近球形；花期4~10月，果期10~11月。

生态习性：喜阳树种，不耐寒，适于湿润肥沃的土壤，萌芽
　　　　　力强。

园林用途：宜作公园观赏树和行道树。

植株全貌

干

叶

果

4.1.31　秋枫（常绿重阳木、秋风子）　　*Bischofia javanica*

科　　属：大戟科　重阳木属

形态特征：常绿乔木，树冠伞形，大枝斜展；小叶卵形至长椭圆形，革质，边缘有浅圆锯齿，两面光滑无毛，叶绿色；花单性，淡绿色，雌雄异株，腋生，下垂；浆果球形，暗红褐色；花期 3~4 月，果 9~10 月成熟。

生态习性：喜光，稍耐阴，喜温暖而耐寒力较差，对土壤要求不严，能耐水湿，根系发达，抗风力强，在湿润肥沃土壤上生长快速。

园林用途：宜作庭院树和行道树，也可在草坪、湖畔、溪边、堤岸栽植。

植株全貌

叶

果

枝干

4.1.32　蝴蝶果（密壁、猴果）　　*Cleidiocarpon cavaleriei*

科　　属：大戟科　蝴蝶果属

形态特征：常绿乔木，单叶互生，常集生于小枝上部，椭圆形或长椭圆形，叶柄两端稍膨大呈枕状，具两个小黑腺；圆锥状花序顶生；果为核果状，种子近球形，似蝴蝶状；花期 3~4 月，果 8~9 月成熟。

生态习性：喜光，喜暖热气候；对土壤要求不严，耐寒，抗风力差。

园林用途：宜作行道树和庭荫树。

植株全貌

新叶

叶

园林应用

4.1.33 血桐（流血树、橙桐） *Macaranga tanarius*

科　　属： 大戟科　血桐属

形态特征： 常绿乔木，小枝被灰白色及淡黄色短柔毛；单叶互生，宽卵形，侧脉放射状，丛生（簇生）于枝端；蒴果，球形，黄褐色，具软凸刺；成熟时裂开释出黑亮的种子，外表有腺毛及刺状凸起；花期从12月～翌年5月，果期4~7月。

生态习性： 喜光，喜高温湿润气候；生活力甚强抗风，耐盐碱，抗大气污染。

园林用途： 树冠圆伞状，树姿壮健，宜作庭荫树，还可植于海岸。

植株全貌

植株全貌

叶和花

叶的着生

4.1.34 木油桐（千年桐、皱桐） *Vernicia montana*

科　　属： 大戟科　油桐属

形态特征： 落叶乔木，大枝近轮生，小枝无毛；叶广卵圆形，先端渐尖，全缘或3裂，在裂缺底部常有腺体，叶片基部心形，并具两有柄腺体；花大，白色，多为雌雄异株；核果卵圆形，有3条纵棱和网状皱纹；花期4~5月，果熟期10月。

生态习性： 喜光，不耐阴，喜暖热多雨气候；不耐寒，抗病性强，生长快。

园林用途： 树姿优美，开花雪白，宜作园景树、行道树和庭荫树。

植株全貌

花

叶

4.1.35 台湾相思（相思树、相思子） *Acacia confusa*

科　　属： 含羞草科　金合欢属

形态特征： 常绿乔木，树冠卵圆形；叶互生，幼苗为羽状复叶，后退化为叶状柄，叶状柄线状披针形，具纵平行脉 3~5 条，革质；头状花序腋生，圆球形，花黄色，微香；荚果扁平，花期 3~8 月，果期 7~10 月。

生态习性： 喜温暖，也能耐低温；喜光，耐半阴，耐旱瘠土壤，能短期水淹；喜酸性土壤，抗风力强。

园林用途： 宜作行道树和防护林，又是绿化荒山、水土保持、防风固沙的优良树种。

干

叶

花

4.1.36 海红豆（孔雀豆、相思豆） *Adenanthera pavonina* var. *microsperma*

科　　属： 含羞草科　海红豆属

形态特征： 落叶乔木，一回羽状复叶，叶柄、叶轴有微柔毛；总状花序顶生排列成圆锥状或单生于叶腋；花小，白色或淡黄色，有香味；荚果开裂后果瓣旋扭；种子阔卵形，鲜红色，有光泽；花期 4~7 月，果期 7~10 月。

生态习性： 喜温暖湿润气候，喜光，稍耐阴，对土壤要求不严，喜土层深厚良好壤土。

园林用途： 热带、亚热带优良的园林风景树和庭荫树。

植株全貌

叶

果

叶

4.1.37　南洋楹（仁仁树、仁人木）　　*Albizia falcataria*

科　　属：含羞草科　合欢属

形态特征：常绿大乔木，树干通直，树冠稀疏，嫩树淡绿色，微有棱；二回羽状复叶，羽片11~20对，每羽具小叶18~20对，对生，矩圆形；穗状花序腋生，单生或数个组成圆锥花序状，花淡黄绿色，花香；荚果线形，熟时开裂；花期7~8月。

生态习性：阳性树种，不耐阴；喜暖热多雨气候及肥沃湿润土壤。

园林用途：宜作庭荫树、园景树和经济林。

植株全貌

叶

花和叶

干

4.1.38　洋紫荆（宫粉羊蹄甲）　　*Bauhinia variegata*

科　　属：苏木科　羊蹄甲属

形态特征：半落叶乔木，叶革质较厚，圆形至广卵形，宽大于长，叶裂较浅，裂片为全长的1/4～1/3；伞房状总状花序，花粉红色，有紫色条纹；荚果扁条形；花期春末夏初。

生态习性：喜光，喜温暖至高温湿润气候，适应性强，耐寒，耐干旱和瘠薄，抗大气污染，对土质要求不严，但不抗风。

园林用途：华南地区园林常见观赏树种，盛花期叶较少，宜作行道树或片植风景林。

植株全貌

叶和花

叶

花

4.1.39　羊蹄甲（紫羊蹄甲、红花紫荆）　*Bauhinia purpurea*

科　　属： 苏木科　羊蹄甲属

形态特征： 半常绿乔木，叶近革质，广卵形至近圆形，顶端 2 裂，深达叶全长的 1/3~1/2，呈羊蹄状；伞房花序顶生，花瓣紫红色，爪部有一白色条纹；荚果扁条形；晚秋至初冬开放。

生态习性： 喜阳光和温暖、潮湿环境，不耐寒，宜肥沃、排水良好的酸性土壤。

园林用途： 宜作庭荫树、风景树和道路行道树，为华南常见的花木之一。

植株全貌

果

叶

花

4.1.40　红花羊蹄甲（艳紫荆）　*Bauhinia blakeana*

科　　属： 苏木科　羊蹄甲属

形态特征： 常绿乔木，叶革质，近圆形或阔心形，顶端 2 裂至叶全长的 1/4~1/3，裂片顶端圆形；总状花序顶生或腋生，花紫红色，几乎全年可开花，盛花期在春、秋两季，通常不结果。

生态习性： 喜光，喜温暖湿润气候；对土壤要求不严，以排水良好的沙壤土最好。

园林用途： 花期冬春之间，终年常绿繁茂，宜作行道树及观赏树种。

植株全貌

叶

花

园林应用

4.1.41　腊肠树（牛角树、阿勃勒）　*Cassia fistula*

科　　属： 苏木科　决明属

形态特征： 落叶乔木，偶数羽状复叶，小叶长卵形或长椭圆形；腋生总状花序，疏松下垂，花冠黄色，鲜艳；荚果筒形长条状，形如腊肠，秋季成熟；花期5~8月开花，果熟期9~10月。

生态习性： 喜光，耐半阴，喜温暖和湿润气候；怕霜冻，喜生长在湿润肥沃排水良好的中性冲积土，忌积水。

园林用途： 夏季开花时，满树金黄色，宜作庭院观赏树和行道树。

植株全貌

叶

花和叶

花和枝

4.1.42　黄槐（山扁豆）　*Cassia surattensis*

科　　属： 苏木科　决明属

形态特征： 常绿小乔木，偶数羽状复叶，叶柄有棒状腺体，小叶7~9对，长椭圆形至卵形；伞房形总状花序，生于上部枝条叶腋，花鲜黄色；荚果细条形，扁平，有柄；花期长，全年不绝。

生态习性： 喜光，喜温暖湿润气候；适应性强，耐寒，耐半阴，但不抗风。

园林用途： 树姿优美，花期长，宜作观花树种、庭荫树和行道树。

花和果

花

叶

花

4.1.43　凤凰木（红花楹、凤凰花）　　*Delonix regia*

科　　属：苏木科　羊蹄甲属

形态特征：落叶大乔木，树冠扁圆形，分枝多开展；二回羽状复叶，羽片和小叶均对生，小叶近矩圆形。总状花序，花大，鲜红色或橙红色；果为荚果，剑鞘形，成熟后不脱落；花期 5~6 月。

生态习性：强阳性树种，不耐寒，耐高温高湿；宜肥沃排水良好的土壤，也耐瘠薄。

园林用途：宜作行道树和庭荫树。

叶

花

园林应用　　植株全貌

4.1.44　中国无忧花（无忧树、火焰花）　　*Saraca dives*

科　　属：苏木科　无忧花属

形态特征：常绿乔木，偶数羽状复叶，有小叶 5~6 对，近革质，长椭圆形或长倒卵形，嫩叶红色；伞房状圆锥花序腋生，花两性或单性；橙黄色至深红色，花瓣退化；荚果带状；夏季为开花期，种子秋季成熟。

生态习性：喜温暖湿润的亚热带气候，不耐寒，要求排水良好、湿润肥沃的土壤。

园林用途：宜作道路行道树、庭荫树和孤植树。

植株全貌

果

叶

花

4.1.45　刺桐（山芙蓉、广东象牙红）　　*Erythrina variegata*

科　　属：　蝶形花科　刺桐属

形态特征：　落叶乔木，干皮灰色，具圆锥形皮刺；三出复叶
　　　　　　互生，小叶菱形或菱状卵形；总状花序，花萼佛
　　　　　　焰状，暗红色，花碟形，鲜红色；花期3月。

生态习性：　强阳性树种，喜高温、湿润环境和排水良好的肥
　　　　　　沃沙壤土，忌潮湿的黏质土壤，不耐寒。

园林用途：　宜作行道树和庭荫树。

植株全貌

叶

花

园林应用

4.1.46　海南红豆　　*Ormosia pinnata*

科　　属：　蝶形花科　红豆树属

形态特征：　常绿乔木，奇数羽状复叶，小叶3~4对，薄革质，
　　　　　　披针形；圆锥花序顶生，蝶形花，花冠粉红色而
　　　　　　带黄白色；荚果，果瓣厚木质，成熟时橙红色，
　　　　　　干时褐色；种子椭圆形，种皮红色；秋季开花，
　　　　　　种子冬季成熟。

生态习性：　阳性树种，耐半阴，喜高温湿润气候；适应性强，
　　　　　　抗大气污染，抗风，速生；对土壤要求严格，喜
　　　　　　酸性土壤，喜肥水。

园林用途：　宜作公园行道树、风景树和庭荫树。

植株全貌

叶

花

果

4.1.47　木麻黄（驳骨树）　　　*Casuarina equisetifolia*

科　　属：木麻黄科　木麻黄属

形态特征：常绿乔木，小枝细软下垂，灰绿色，似松针；叶
退化为鞘齿状细鳞片，轮生于环节上；花单性同
株，雌花头状花序，雄花穗状花序，着生枝端；
球果木质，苞片被柔毛，赤褐色；花期 5 月，果
熟期 7~8 月。

生态习性：强阳性树种，喜炎热气候；耐干旱瘠薄土壤，抗
盐渍，耐潮湿，但不耐寒。

园林用途：华南沿海地区造林常用树种，凡沙地及海滨地区
均可栽植，可防风固沙，宜作行道树和防护林。

植株全貌

叶

枝

果

4.1.48　高山榕（高榕、马椿）　　　*Ficus altissima*

科　　属：桑科　榕属

形态特征：常绿大乔木，具少数气根；单叶互生，全缘，厚
革质，圆卵形或卵状椭圆形；花序托成对腋生，
雄花和瘿花生于同一花序托中，雌花生于另一花
序托中；隐花果近球形，深红色或淡黄色；花期
3~4 月，果期 5~7 月。

生态习性：喜光，耐贫瘠和干旱，抗风和抗大气污染；生长
迅速，移栽容易成活。

园林用途：树冠广阔，树姿稳健，常孤植作庭荫树或列植作
行道树。

果

园林应用

叶

园林应用

4.1.49　垂叶榕（垂榕、白榕）　　　*Ficus benjamina*

科　　属：桑科　榕属

形态特征：常绿乔木，树干易生气生根，小枝柔软下垂；叶
互生，近革质，椭圆形或倒卵形，顶端长尾尖；
隐头花序单个或成对生于叶腋，球形，成熟时黄
色或淡红色；花期 8~9 月。

生态习性：喜光，喜高温多湿气候；忌低温干燥，耐阴性强，
安全越冬温度 5℃。

园林用途：宜作庭院树、行道树、绿篱树。

园林应用

干和气生根

植株全貌

叶

4.1.50　亚里垂榕（柳叶榕）　　　*Ficus binnendijkii* cv. Alii

科　　属：桑科　榕属

形态特征：常绿小乔木，单叶互生，线状披针形，革质，全缘，
浅红色，背主脉凸出，叶下垂。

生态习性：喜半阴、温暖而湿润的气候；较耐寒，可耐短期
低温。

园林用途：枝叶繁茂，叶如柳叶，四季常青，宜作行道树、
绿篱和工矿区绿化。

植株全貌

叶

园林应用

园林应用

4.1.51 橡胶榕（印度橡胶榕）　　*Ficus elastica*

科　　属：桑科　榕属

形态特征：常绿乔木，全株光滑，有乳汁。叶厚革质，有光泽，长椭圆形，全缘，中脉显著，羽状侧脉多而细，且平行直伸；托叶大，淡红色，包被幼芽；花期冬季。

生态习性：喜暖湿气候，不耐寒，耐旱，耐瘠，耐阴，抗污染，萌芽力强，耐修剪。

园林用途：宜作风景树、庭荫树或行道树。

园林应用

气生根与树干

植株全貌

叶

4.1.52 细叶榕（小叶榕、榕树）　　*Ficus microcarpa*

科　　属：桑科　榕属

形态特征：常绿大乔木，枝干有下垂的气根；单叶互生，革质，倒卵形至椭圆形；花单性，雌雄同株，隐形花序；果为浆果，球形，熟时红色；花期5月。

生态习性：喜光，也耐阴；喜温暖湿润气候，喜酸性土壤，耐水湿。

园林用途：宜作行道树、绿篱和庭荫树，也可作盆景。

园林应用

植株全貌

叶

果

4.1.53　琴叶榕（琴叶橡皮树、提琴叶榕）　*Ficus pandurata*

科　　属：桑科　榕属

形态特征：常绿乔木，叶片提琴形，单叶互生，近革质，全
　　　　　缘波状，黄绿色至深绿色；中肋面凹背凸，侧脉
　　　　　也明显，两面无毛。

生态习性：喜温暖，半日照或散射光，能适应极阴的环境。

园林用途：叶片阔大，形似提琴，宜作庭荫树和行道树。

4.1.54　菩提榕（思维树、觉树）　*Ficus religiosa*

科　　属：桑科　榕属

形态特征：半落叶大乔木，有乳汁；叶互生，革质，心形或
　　　　　三角状阔卵形，先端长尾尖，新叶红褐色；花序
　　　　　单个或成对生于叶腋，近球形，成熟时花序托暗
　　　　　紫色；花期3~4月，果期5~7月。

生态习性：喜光，喜温湿气候；抗风，抗大气污染；耐干旱，
　　　　　对土质要求不严。

园林用途：宜作庭荫树和行道树。

4.1.55 黄葛榕（大叶榕、万年阴）　　*Ficus virens* var. *sublanceolata*

科　　属：桑科　榕属

形态特征：落叶或半落叶乔木，叶互生，纸质或薄革质，近
披针形，先端渐尖；花序无总梗，单个或成对腋生，
或簇生于已落叶的小枝上；隐花果近球形，成熟
时黄色或红色；花果期 4~8 月。

生态习性：喜光，喜温暖湿润气候；喜肥沃土壤，生长迅速，
萌芽能力强，抗污染能力强。

园林用途：树形高大，树冠伸展，是优良的行道树树种之一，
也可作庭荫树。

植株全貌

园林应用

叶

果

4.1.56 麻楝（阴麻树、白皮香椿）　　*Chukrasia tabularis*

科　　属：楝科　麻楝属

形态特征：常绿乔木，偶数羽状复叶，互生，小叶卵形至矩
圆状披针形；圆锥花序顶生，花黄色带紫，蒴果
近球形，灰褐色；花期 5~6 月，果期 10~12 月。

生态习性：喜光，速生，适生湿润疏松肥沃的壤土；耐寒性差，
幼树在 0℃下即受冻害。

园林用途：树姿雄伟，宜作庭荫树和行道树。

植株全貌

果

叶

干

4.1.57　非洲楝（塞楝、非洲桃花心木）　*Khaya senegalensis*

科　　属：楝科　非洲楝属

形态特征：常绿乔木，偶数羽状复叶，互生，小叶革质，椭圆形；复聚伞花序腋生，花两性；蒴果球形或近球形，木质，种子周围有薄翅；花期 4~5 月。

生态习性：喜光，喜湿润气候；喜深厚肥沃土壤，能耐干旱，但不耐土壤瘠薄。

园林用途：热带速生珍贵用材树种，宜作行道树。

植株全貌

叶

干

园林应用

4.1.58　龙眼（桂圆）　*Dimocarpus longan*

科　　属：无患子科　龙眼属

形态特征：常绿乔木，树皮粗糙，薄片状剥落；偶数羽状复叶，互生，小叶全缘，侧脉在叶下明显；花杂性同株，圆锥花序顶生或腋生；果近球形，幼时具瘤状凸起，老则近平滑；花期 4~5 月；果期 7~8 月。

生态习性：喜光，喜温暖湿润气候，喜富含腐质的酸性土壤，怕霜冻。

园林用途：宜作庭荫树或成片种植经济林，还可作蜜源植物。

植株全貌

果

叶

干

4.1.59　复羽叶栾树（灯笼树、摇钱树）　*Koelreuteria bipinnata*

科　　属：　无患子科　栾树属

形态特征：　落叶乔木，二回羽状复叶，互生，小叶叶缘有锯齿；圆锥形花序顶生，黄色；蒴果椭圆形；红色；花期 7~9 月，果期 8~10 月。

生态习性：　喜光，喜深厚湿润土壤，不耐瘠薄；耐干旱。

园林用途：　夏日黄花，秋日红果，宜作庭荫树、园景树及行道树。

花

花

花和果

植株全貌

4.1.60　荔枝（高枝、丹木荔）　*Litchi chinensis*

科　　属：　无患子科　荔枝属

形态特征：　常绿乔木，树皮灰褐色，平滑；偶数羽复叶，互生，侧脉在叶面不明显；圆锥花序顶生，花杂性同株；荔果卵形或卵圆形，具凸起的瘤体，成熟时红色或褐红色；花期 2~4 月，果期 5~8 月。

生态习性：　喜光，喜温暖湿润气候；喜富含腐质的酸性土壤，怕霜冻。

园林用途：　树冠广阔，枝叶茂密，是岭南佳果，常作为庭荫树。

植株全貌

园林应用

叶

果

4.1.61　人面子（仁面、银捻）　　*Dimocarpus longan*

科　　属：漆树科　人面子属

形态特征：常绿乔木，奇数羽状复叶，互生，小叶长圆形，
　　　　　全缘；圆锥花序，花小，绿白色；核果球形而略扁，
　　　　　黄色，果核表面凹陷，形如人脸；花期 5~6 月，
　　　　　果期 7~8 月。

生态习性：喜光，喜高温多湿环境，不耐寒，萌芽能力强，
　　　　　对土壤要求不严。

园林用途：树冠宽广浓绿，甚为美观，宜作行道树和庭荫树。

叶

干

植株全貌

园林应用

4.1.62　芒果（庵罗果、杧果）　　*Mangifera indica*

科　　属：漆树科　芒果属

形态特征：常绿大乔木，单叶互生，叶聚生枝顶，薄革质，
　　　　　长圆形或长披针形；圆锥花序生枝顶，花小，杂
　　　　　形；核果大，肾形，压扁，成熟果黄色；春季开花，
　　　　　5~8 月果熟。

生态习性：喜光或稍耐阴，喜温暖湿润气候，不耐寒霜，不
　　　　　耐水涝。

园林用途：宜作庭荫树和行道树。

植株全貌

叶

花

果

4.1.63　幌伞枫（大蛇药、五加通）　*Heteropanax fragrans*

科　　属：　五加科　幌伞枫属

形态特征：　常绿乔木，大型 3~5 回羽状复叶，小叶对生，纸质，
　　　　　　椭圆形，主要聚生于植株顶部；多数小伞形花序
　　　　　　排成大圆锥花丛，主轴及分枝密被褐色星状毛；
　　　　　　果扁形；花期 10~12 月，果期次年 2~3 月。

生态习性：　喜温暖湿润气候，耐半阴，不耐寒，不耐干旱。

园林用途：　树冠圆形，形如罗伞，宜作庭荫树及行道树。

叶柄

花

叶

4.1.64　糖胶树（灯架树、面盆架）　*Alstonia scholaris*

科　　属：　夹竹桃科　鸡骨常山属

形态特征：　常绿乔木，枝轮生；单叶 3~8 枚轮生，倒卵状长
　　　　　　圆形、倒披针形至匙形；伞房状聚伞花序顶生，
　　　　　　被柔毛，花白色；蓇葖果双生，线形；种子长圆形，
　　　　　　两端有长缘毛；花期 6~11 月。

生态习性：　喜光，喜温暖湿润气候；喜土壤肥沃潮湿的环境，
　　　　　　在水边、沟边生长良好。

园林用途：　树形美观，枝叶常绿，生长有层次如塔状，宜作
　　　　　　行道树和庭荫树。

叶

花

果

4.1.65　红花鸡蛋花（红鸡蛋花）　*Plumeria rubra*

科　　属：夹竹桃科　鸡蛋花属

形态特征：落叶小乔木，枝条肉质，具丰富乳汁；顶生聚伞花序，花由5片花瓣组成，呈螺旋状散开，花冠外面略带淡红色或紫红色，花冠裂片淡红色、黄色或白色，基部黄色；蓇葖果长圆形；花期3~9月，果期7~12月。

生态习性：喜光，喜高温湿润气候；耐干旱，喜排水良好的肥沃沙质土壤。

园林用途：树形美观，叶大深绿，宜作园林观赏树。

植株全貌

枝叶

花和叶

花

4.1.66　鸡蛋花（缅栀子、蛋黄花）　*Plumeria rubra* cv. Acutifolia

科　　属：夹竹桃科　鸡蛋花属

形态特征：落叶小乔木，枝条粗壮，肉质，具丰富乳汁；单叶互生，厚纸质，长椭圆形或阔披针形；顶生聚伞花序，花由5片花瓣组成，呈螺旋状散开；花期5~10月，果期7~12月，一般栽培的植株很少结果。

生态习性：喜湿热气候；耐干旱，喜生于石灰岩地，扦插繁殖极易成活。

园林用途：宜作庭荫树和孤植树造景。

植株全貌

花

花和叶

园林应用

4.1.67　猫尾木　　　　　　　　　*Dolichandrone cauda-felina*

科　　属：紫葳科　猫尾木属

形态特征：半落叶乔木，奇数羽状复叶对生；小叶矩圆形至卵形，全缘或中上部有细齿；顶生总状花序，花冠漏斗状，基部暗紫色，上部黄色；蒴果下垂，密被灰黄色绒毛，状如猫尾；秋、冬季开花，果期4~6月。

生态习性：喜光，稍耐阴，喜高温湿润气候；要求深厚肥沃、排水良好的土壤。

园林用途：花大美丽，果形奇特，宜作园景树、庭荫树或行道树。

植株全貌

叶

花

果

4.1.68　蓝花楹（巴西红木、蕨树）　　*Jacaranda mimosifolia*

科　　属：紫葳科　蓝花楹属

形态特征：落叶乔木，二回羽状复叶，对生；小叶细小，椭圆状披针形；圆锥花序顶生，花钟形，淡紫色；蒴果木质，圆形稍扁；花期春末夏初。

生态习性：喜光，喜高温和干燥的气候，耐干旱，不耐寒，对土壤条件要求不严。

园林用途：树干伞形，树姿优美，盛花期满树蓝花，宜作公园观赏树和行道树。

花

果

叶

植株全貌

4.1.69　吊瓜树（吊灯树）　*Neolamarckia cadamba*

科　　属：紫葳科　吊灯树属

形态特征：常绿乔木，奇数羽状复叶对生，小叶有锯齿；总状花序自老枝上长出，花序轴下垂，花冠为歪斜的漏斗状，橘黄色带紫红色斑纹或为紫红色；果大型，圆柱形，灰绿色，悬于树上经久不落；春夏开花，秋季成熟。

生态习性：喜光，喜温暖湿润气候；速生，耐粗放管理。

园林用途：具宽阔的圆伞形树冠,宜作公园观赏树和行道树。

植株全貌

果

叶

园林应用

4.1.70　火焰木（郁金香树、泉水树）　*Spathodea campanulata*

科　　属：紫葳科　火焰木属

形态特征：常绿乔木，一回羽状复叶，对生，小叶两面均被灰褐色短柔毛，侧脉在叶面凹陷；花大，橙红色，聚合成紧密的伞房式总状花序；花萼佛焰苞状，花冠钟状；蒴果长圆状棱形，近木质；种子有膜质翅。

生态习性：喜光，喜高温湿润气候；耐寒，不抗风。

园林用途：宜作行道树、园景树和庭荫树。

植株全貌

花蕾

花

花和叶

4.2 灌木类植物

4.2.1 苏铁（铁树）　　　　　　　　　　　　　*Cycas revoluta*

科　　属：苏铁科　苏铁属

形态特征：常绿灌木，茎部宿存的叶基和叶痕，呈鳞片状；叶从茎顶部长出，羽状复叶，大型，叶背密生锈色绒毛；雌雄异株，6~8月开花。

生态习性：喜强光，喜温暖，忌严寒，其生长适温为20~30℃，越冬温度不宜低于5℃。

园林用途：对植于庭前、阶旁或丛植于山石旁形成园林小景。

园林应用

叶

雄花

植株全貌

4.2.2 含笑（含笑花）　　　　　　　　　　　　*Michelia figo*

科　　属：木兰科　含笑属

形态特征：常绿灌木，树皮灰褐色，小枝有环状托叶痕，嫩枝、芽、叶、柄、花梗均密生锈色绒毛；单叶互生，革质；3~6月开花，花乳黄色，芳香。

生态习性：喜稍阴，不耐暴晒，喜温暖湿润环境，不甚耐寒。

园林用途：宜在公园或街道绿化带中成丛种植，或植于草坪边缘作绿篱。

叶

植株全貌

花

果

4.2.3 鹰爪花（鹰爪） *Artabotrys hexapetalus*

科　　属： 泽米铁科　泽米铁属

形态特征： 常绿灌木，单干或罕有分枝；叶为大型偶数羽状复叶，生于茎干顶端，疏生坚硬小刺；雌雄异株，雄花序松球状，雌花序似掌状。

生态习性： 喜光，喜温暖湿润和通风良好的环境，耐寒耐旱力强。

园林用途： 株形优美，宜丛生种植在草坪、山坡或水边。

果

植株全貌

花

花

4.2.4 假鹰爪（酒饼叶） *Desmos chinensis*

科　　属： 番荔枝科　假鹰爪属

形态特征： 直立或攀援灌木，除花外，全株无毛；叶薄纸质或膜质，长圆形，基部圆形，下面粉绿色；花单朵或叶对生；花期夏至冬季，果期6月。

生态习性： 耐阴，喜温暖湿润气候，喜疏松肥沃土壤。

园林用途： 花芳香，果形奇特，宜种植在公园绿地作配景植物。

叶

新叶

果

植株全貌

4.2.5　紫薇（小叶紫薇）　　　　　*Lagerstroemia indica*

科　　属：千屈菜科　紫薇属

形态特征：落叶灌木或小乔，枝干多扭曲，树皮淡褐色，薄
片剥落，小枝四棱，无毛；单叶对生或近对生，
椭圆形至倒卵状椭圆形；花鲜淡红色，顶生圆锥
花序，花期 6~9 月；蒴果近球形，10~11 月。

生态习性：喜光，稍耐阴；喜温暖气候，耐寒性不强；喜肥沃、
湿润且排水良好的石灰性土壤，耐旱，怕涝。

园林用途：树姿优美，是观花和观干的大灌木，可在公园、
居住小区和道路等处孤植、丛植、片植。

干

植株全貌

果

花

4.2.6　叶子花（三角梅、勒杜鹃）　　*Bougainvillea spectabilis*

科　　属：紫茉莉科　叶子花属

形态特征：常绿攀援状灌木，枝具刺、拱形下垂；单叶互生，
卵形或卵状披针形，全缘；花顶生，常 3 朵簇生
于叶状苞片内，苞片卵圆形，紫红色，为主要观
赏部位，花期从 11 月起至第二年 6 月。

生态习性：喜充足光照，对土壤要求不严，耐贫瘠，耐干旱，
忌积水，耐修剪。

园林用途：花苞片大，色彩鲜艳如花，持续时间长，宜作绿篱、
修剪造型和道路绿化。

植株全貌

叶

花

园林应用

4.2.7　海桐（山瑞香）　　　　*Pittosporum tobira*

科　　属：海桐科　海桐属

形态特征：常绿灌木或小乔木，单叶互生，倒卵形或椭圆形，全缘，边缘反卷，厚革质，表面浓绿有光泽；5月开花,花白色或淡黄色，芳香，成顶生伞形花序；10月果熟，蒴果卵球形，成熟时三瓣裂，露出鲜红色种子。

生态习性：喜温暖湿润环境；适应性强，有一定的抗旱、抗寒力。

园林用途：宜孤植或丛植于草坪边缘或路旁、河边。

花序

果

植株全貌

叶

4.2.8　茶花（山茶）　　　　*Camellia japonica*

科　　属：山茶科　山茶属

形态特征：常绿灌木或小乔木，单叶互生，革质，卵形或椭圆形，顶端渐尖，基部阔楔形至圆形；花期11月至翌年4月，花一至数枚；蒴果淡绿，秋季成熟，种子球形，深褐色。

生态习性：喜温暖湿润，排水良好的中性或微酸性土壤。

园林用途：宜孤植、丛植或片植在公园绿地和庭院中。

植株全貌

花

花苞

叶和花

4.2.9　红千层（瓶刷子树）　　　　*Callistemon rigidus*

科　　属：桃金娘科　红千层属

形态特征：常绿灌木或小乔木，小枝红棕色，有白色柔毛；
单叶互生，偶有对生或轮生，线状披针形，革质，
全缘，有透明腺点；穗状花序顶生，花期 5~7 月。

生态习性：阳性树种，喜温暖湿润气候；不耐寒，喜酸性土壤。

园林用途：优良的园林观赏植物，宜植于草坪、水边和道路
绿化带。

植株全貌

叶

果

花

4.2.10　红果仔（巴西红果）　　　*Eugenia uniflora*

科　　属：桃金娘科　番樱桃属

形态特征：常绿灌木或小乔木，叶片纸质，卵形至卵状披针
形，有无数透明腺点；花白色，稍芳香，单生或
数朵聚生于叶腋；浆果球形，熟时深红色；花期
2~3 月，夏季结果。

生态习性：喜光，喜温暖湿润气候；耐旱，对土壤要求不严。

园林用途：常见观果植物，宜种植在草坪和道路旁作绿篱和
球形灌木。

叶

果

植株全貌

园林应用

4.2.11　黄金香柳（千层金）　　　*Melaleuca bracteata*

科　　属： 桃金娘科　白千层属

形态特征： 常绿灌木，根深，主干直立，枝条密集细长柔软，嫩枝红色，新枝层层向上扩展；金黄色的叶片分布于整个树冠，形成锥形，树形优美。

生态习性： 喜光，喜温暖湿润气候，抗盐碱，抗风力强，喜酸性土壤。

园林用途： 优良的观叶灌木，孤植、丛植或片植形式种在庭院、道路绿化带和公园。

园林应用

叶

植株全貌

4.2.12　红枝蒲桃（红车）　　　*Syzygium rehderianum*

科　　属： 桃金娘科　蒲桃属

形态特征： 灌木至小乔木，嫩枝红色，干后褐色，圆形，稍压扁，老枝灰褐色；叶片革质，椭圆形至狭椭圆形，先端急渐尖，基部阔楔形；聚伞花序腋生，或生于枝顶叶腋内，果实椭圆状卵形；花期6~8月。

生态习性： 喜光，喜温暖湿润气候，不耐寒。

园林用途： 宜列植在道路两侧，或丛植在草坪上和山石旁。

植株全貌

果

叶

叶和枝

4.2.13 巴西野牡丹（紫花野牡丹）　　*Tibouchina semidecandra*

科　　属：野牡丹科　野牡丹属

形态特征：常绿灌木，叶椭圆形，两面具细茸毛，全缘；花顶生，花大型，5 瓣，浓紫蓝色，中心的雄蕊白色且上曲，刚开的花呈现深紫色，后呈现紫红色；花期长，夏季开花。

生态习性：喜光，喜温暖湿润气候，也耐寒，耐旱。

园林用途：宜在公园丛植或片植。

园林应用

花

叶

植株全貌

4.2.14 马拉巴栗（瓜栗）　　*Pachira macrocarpa*

科　　属：木棉科　瓜栗属

生态习性：常绿乔木，掌状复叶，小叶 5~7 枚，枝条多轮生；花大，花瓣条裂，花色有红、白或淡黄色，色泽艳丽；4~5 月开花，9~10 月果熟，内有 10~20 粒种子，大粒，形状不规则，浅褐色。

生态习性：喜半阴，喜高温高湿气候，耐寒力差，抗盐碱。

园林用途：宜对植于建筑门前或角隅，丛植于草坪。

植株全貌

小枝和果

干

叶

4.2.15 重瓣木芙蓉（芙蓉花） *Hibiscus mutabilis*

科　　属： 锦葵科　木槿属

形态特征： 落叶灌木或小乔木，小枝、叶柄、花梗和花萼均密被星状毛与直毛相混的细绵毛；叶宽卵形至圆卵形或心形，先端渐尖，具钝圆锯齿；花单生于枝端叶腋间，重瓣，萼钟形，花瓣近圆形；蒴果扁球形；花期 8~10 月。

生态习性： 喜阳，稍耐阴；喜温暖湿润环境，不耐寒，忌干旱，耐水湿。

园林用途： 花大色丽，宜丛植于水边或园林建筑旁。

果

植株全貌

叶

花

4.2.16 朱槿（大红花） *Hibiscus rosa-sinensis*

科　　属： 锦葵科　木槿属

形态特征： 常绿大灌木，茎多分枝；叶互生，广卵形或狭卵形；花大，单生叶腋，有各种颜色，花漏斗形，单体雄蕊伸出于花冠之外，全年开花；蒴果卵形。

生态习性： 喜光，稍耐阴，但开花较少；喜温暖湿润气候，不耐寒。

园林用途： 宜栽植道路两侧，分车带及庭院、水边，可丛植、列植或修剪成灌木球。

园林应用

植株全貌

叶

花（单瓣）

4.2.17 悬铃花（南美朱槿） *Malvaviscus arboreus*

植株全貌

科　　属：锦葵科　悬铃花属

形态特征：常绿小灌木，叶互生，卵形至近圆形，单叶，叶
　　　　　面具星状毛；花通常单生于上部叶腋，下垂，花
　　　　　冠漏斗形，鲜红色，花瓣基部有显著耳状物，雄
　　　　　蕊集合成柱状，长于花瓣，花瓣仅上部略微展开；
　　　　　花期较长。

生态习性：稍耐阴，耐热，不耐寒霜；耐旱，耐贫瘠；耐湿，
　　　　　忌涝，生长快速。

园林用途：宜丛植或片植在庭院和公园绿地，还可用于道路
　　　　　绿化。

叶

花

园林应用

4.2.18 红桑（铁苋菜） *Acalypa wikesiana*

植株全貌

科　　属：大戟科　红桑属

形态特征：常绿灌木，分枝茂密，叶互生，宽卵形或卵状长
　　　　　圆形，红色、绛红色或红色带紫斑；花单性，雌
　　　　　雄同株异序，淡紫色，春秋季开花。

生态习性：喜光，喜温暖多湿的气候。

园林用途：叶色变化，日光充足，叶色艳丽。是庭院或公园
　　　　　常见观叶植物。

彩叶

植株全貌

叶

4.2.19　变叶木（洒金榕）　　　*Codiaeum variegatum*

科　　属：大戟科　变叶木属

形态特征：常绿小灌木，单叶互生，羽状叶；花单性而顶生，总状花序，花被片5；蒴果球形，紫红色，种子白色，卵形。

生态习性：喜光，光线越足，色彩越鲜艳；喜温暖湿润气候，不耐霜冻。

园林用途：公园常见观叶植物，宜丛植或作绿篱。

叶

叶和花

植株全貌

园林应用

4.2.20　雪花木（白雪木）　　　*Breynia nivosa*

科　　属：锦葵科　悬铃花属

形态特征：常绿小灌木，雪花木是彩叶山漆茎的原种；叶互生，圆形或阔卵形，白色或有白色斑纹，尤其新叶色泽更鲜明，枝叶洁净逸雅美观；花小，不明显。

生态习性：喜光，稍耐阴，喜高温，耐旱。

园林用途：宜丛植于庭院和公园的荫蔽处。

植株全貌

花

叶

叶

4.2.21　肖黄栌（紫锦木）　　*Euphorbia cotinifolia*

科　　属： 大戟科　大戟属

形态特征： 半常绿灌木或小乔木，小枝及叶片均为暗紫红色，单叶常3枚轮生，卵形至圆卵形，具长柄；花序呈伞形状，顶生或腋生，黄白色，蒴果。

生态习性： 喜光，耐半阴；喜排水良好的土壤，耐贫瘠。

园林用途： 红叶观赏植物，宜种植在公园和庭院点缀草坪或植于水边。

植株全貌

叶

花

4.2.22　红背桂（青紫木）　　*Excoecaria cochinchinensis*

科　　属： 大戟科　海漆属

形态特征： 常绿灌木，多分枝丛生；叶对生，矩圆形或倒卵状矩圆形，表面绿色，背后紫红色，主要观赏紫红叶背；花小，穗状花序腋生，花期6~8月。

生态习性： 喜温暖湿润，能耐半阴，不耐寒，忌暴晒，喜肥沃沙质土壤。

园林用途： 株丛茂密，叶色鲜艳，宜种植在公园、居住小区和道路绿化带中，丛植或作绿篱。

植株全貌

园林应用

叶

叶

4.2.23　琴叶珊瑚（琴叶樱）　　*Jatropha pandurifolia*

科　　属：大戟科　麻疯树属

形态特征：常绿灌木，有乳汁；单叶互生，倒阔披针形，常丛生于枝顶，叶面浓绿色,叶背紫绿色；聚伞花序，花冠红色，花单性，雌雄同株，各自着生于不同花序上；蒴果成熟时呈黑褐色。

生态习性：喜光照充足，温暖湿润气候，适应力强。

园林用途：宜丛植于公园花坛和草坪，或列植于道路绿化带。

叶

花

园林应用

植株全貌

4.2.24　朱缨花（美蕊花）　　*Calliandra haematocephala*

科　　属：含羞草科　朱缨花属

形态特征：落叶灌木，有托叶 1 对，卵状长三角形，二回羽状复叶，羽片 1 对，小叶 7~9 对，偏斜披针形，中脉偏上；头状花序，腋生；含花 40~50 朵，上部花丝伸出，红色；荚果条形；花期 8~9 月；果期 10~11 月。

生态习性：喜温暖，高温湿润气候，喜光，稍耐荫蔽。

园林用途：宜作丛植和片植在公园绿地，还可在道路绿化带中种植作花篱。

叶

叶

植株全貌

花

4.2.25　金凤花（洋金凤）　　　　　*Caesalpinia pulcherrima*

科　　属： 苏木科　苏木属

形态特征： 枝有疏刺，叶二回羽状复叶，羽片 4~8 对，小叶 7~11 对，近无柄，倒卵状至披针状长圆形；花橙色或黄色，花瓣圆形，有皱纹，有柄，花丝、花柱均红色，长而凸出；荚果扁平，无毛；花期 8 月。

生态习性： 喜光，喜高温湿润气候；不抗风，不耐干旱，不耐寒。

园林用途： 宜丛植或带状种植，植于花篱、花坛及山石旁。

花

叶

植株全貌

花

4.2.26　翅荚决明（翅荚槐）　　　　　*Cassia alata*

科　　属： 苏木科　决明属

形态特征： 直立灌木，枝粗壮，绿色；在靠腹面的叶柄和叶轴上有两条纵棱条，有狭翅，托叶三角形；花序顶生和腋生，具长梗，单生或分枝，花瓣黄色，有明显的紫色脉纹；荚果长带状，每果瓣的中央顶部有直贯至基部的翅，翅纸质，具圆钝的齿；种子扁平，三角形；花期 11 月至翌年 1 月，果期 12 月至翌年 2 月。

生态习性： 喜光，喜温暖湿润气候；喜微酸性、肥沃和排水良好土壤。

园林用途： 花期长，花色金黄灿烂，适宜种植在庭院、公园。

花

植株全貌

花和叶

园林应用

4.2.27　金边决明（双荚黄槐）　*Cassia bicapsularis*

花

科　　属：	苏木科　决明属

形态特征： 常绿或半常绿灌木，偶数羽状复叶，叶边缘金色，椭圆形小叶光滑；圆锥花序顶生或腋生，花金黄色；花期10~11月，果期11月至翌年3月。

生态习性： 喜光，稍耐阴，生长快，较耐寒。

园林用途： 宜孤植或丛植在公园绿地。

叶

果

植株全貌

4.2.28　红花檵木（红桎木）　*Loropetalum chinense* var. *rubrum*

科　　属：	金缕梅科　檵木属

形态特征： 常绿灌木或小乔木，嫩枝被暗红色星状毛；叶互生全缘，卵形，嫩枝淡红色，越冬老叶暗红色；花4~8朵簇生于总状花梗上，花瓣4枚，淡紫红色，带状线形；蒴果木质，花期4~5月，果期9~10月。

生态习性： 耐半阴，喜温暖湿润气候，适应性强。

园林用途： 枝繁叶茂，木质柔韧，耐修剪，宜作绿篱和造型植物。

园林应用

植株全貌

叶

花

4.2.29 千头木麻黄 *Casuarina nana*

科　　属： 木麻黄科　木麻黄属

形态特征： 常绿小乔木，单叶呈鞘齿状，5 片轮生，偶有
4~6 片轮生；花雌雄异株，雄花柔荑花序，雌花
头状，花小，不明显，果近球形，或长椭圆状、
圆柱状；花期 4~5 月。

生态习性： 喜光，喜高温湿润环境；耐盐、抗强风、耐旱，
但耐寒性与耐阴性差。

园林用途： 宜作行道树和绿篱，可孤植、对植、列植和丛植。

叶

植株全貌

园林应用

植株全貌

4.2.30 黄金榕（黄榕） *Ficus microcarpa* cv. Golden leaves

科　　属： 桑科　榕属

形态特征： 常绿灌木，有气生根；叶互生，革质而带肉质，
椭圆形，全缘，表光滑，叶有光泽，嫩叶呈金黄色，
老叶则为深绿色；球形的隐头花序。

生态习性： 喜光，耐半阴，喜高温湿润环境；不耐寒，以肥沃、
疏松和排水良好的酸性沙质壤土为宜，在碱性土
壤中叶片易黄化。

园林用途： 树形美观，宜修剪成绿篱或修剪造型，可孤植、
对植和列植。

植株全貌

园林应用

园林应用

叶

4.2.31　斑叶垂榕（乳斑榕）　　　　　*Ficus benjamina* cv. Variegata

科　　属：　桑科　榕属

形态特征：　常绿小乔或灌木，枝干易生气根，小枝弯垂状；叶椭圆形，叶缘微波状，先端尖，叶面、叶缘具乳白色斑纹；榕果无柄，卵形或椭圆形，罕略球形。

生态习性：　喜光，耐半阴，喜高温湿润环境；不耐寒，以肥沃、疏松和排水良好的酸性沙质壤土为宜；抗污染，耐寒性较差，冬季需温暖避风越冬。

园林用途：　可植成大树作庭荫树、行道树，幼株可作绿篱、盆栽。

植株全貌

园林应用

植株全貌

叶

4.2.32　九里香（九霄香）　　　　　*Murraya exotica*

科　　属：　芸香科　九里香属

形态特征：　常绿灌木，羽状复叶，互生，倒卵形或倒羽状椭圆形；聚伞花序顶生或生于叶腋，花白色，极芳香；浆果长卵形或球形，橙黄至朱红；花期4~8月，果期9~12月。

生态习性：　喜光，耐干热，不耐寒，要求深厚肥沃及排水良好的沙质土。

园林用途：　优良的芳香花木，宜丛植于庭院和建筑物周围，或作绿篱。

果

植株全貌

花

叶

4.2.33　胡椒木　　　　　　　　　　*Zanthoxylum odorum*

科　　属：芸香科　花椒属

形态特征：常绿灌木，奇数羽状复叶，叶基有短刺两枚，叶轴有狭翼，小叶对生，倒卵形，革质，叶面浓绿富光泽，全叶密生腺体；雌雄异株，雄花黄色，雌花红橙；果实椭圆形，绿褐色；全株具浓烈胡椒香味。

生态习性：喜光，耐热，耐寒；喜肥沃的沙质壤土，耐旱，不耐水涝。

园林用途：宜作地被和整形绿篱，或丛植在庭院、公园和道路绿带。

叶

植株全貌

植株全貌

园林应用

4.2.34　八角金盘（八金盘）　　　*Fatsia japonica*

科　　属：五加科　八角金盘属

形态特征：常绿灌木，常呈丛生状；单叶互生，近圆形，掌状 7~11 深裂，叶缘有细锯齿；花小，乳白色，球状伞形花序聚生成顶生圆锥状复花序；花期 10~11 月，果熟期翌年 4 月。

生态习性：稍耐阴，喜温暖湿润气候；耐寒性不强；喜排水良好的土壤。

园林用途：宜群植草坪边缘及林地，或作室内盆栽。

园林应用

园林应用

叶

叶

4.2.35　鹅掌柴（鹅掌藤）　　　　*Scheffera arboricola*

科　　属：五加科　鹅掌柴属

形态特征：藤状灌木，小枝有不规则纵皱纹，无毛；掌状复叶，小叶7~9枚，全缘；花青白色，圆锥花序顶生；果实球形，成熟时黄红；花期6~7月；果期8~11月。

生态习性：喜高温湿润和半阴环境，不耐寒，不耐干旱和积水，以疏松、肥沃和排水良好的沙质壤土为宜。

园林用途：宜群植草坪边缘及林地，或作绿篱。

植株全貌

植株全貌

叶

4.2.36　澳洲鸭脚木（辐叶鹅掌柴）　　　　*Brassaia actinophylla*

科　　属：五加科　八角金盘属

形态特征：常绿小乔木或灌木，茎秆直立，少分枝，嫩枝绿色，后呈褐色，平滑。掌状复叶，小叶数随成长而变化很大，长椭圆形，叶端钝尖，革质，光泽明亮。叶柄红褐色，长5~10cm。

生态习性：喜高温多湿和通风良好的环境，对光线适应性强。

园林用途：宜群植草坪边缘及林地，或作室内盆栽。

植株全貌

园林应用

叶

叶

4.2.37　毛杜鹃（锦绣杜鹃）　　　*Rhododendron pulchrum*

科　　属：	杜鹃花科　杜鹃花属
形态特征：	半常绿灌木，叶薄革质，椭圆状长圆形至椭圆状披针形，先端钝尖，基部楔形，边缘反卷，全缘，中脉和侧脉在上面下凹，下面显著凸出；伞形花序顶生，花冠粉色或玫瑰色，阔漏斗形；蒴果长圆状卵球形，花期4~5月，果期9~10月。
生态习性：	耐阴，忌阳光暴晒；喜温暖湿润气候，喜排水良好的酸性土。
园林用途：	优良的开花花木，宜丛植于庭院和建筑物周围，或作绿篱。

花

花

植株全貌

4.2.38　灰莉（鲤鱼胆）　　　*Fagraea ceilanica*

植株全貌

科　　属：	马钱科　灰莉属
形态特征：	常绿灌木，树皮灰色；叶稍肉质，椭圆形、倒卵形或卵形；花单生或为顶生二歧聚伞花序，花萼肉质，裂片卵形或圆形，花冠5裂，漏斗状，白色，芳香；浆果卵圆形或近球形，具尖喙；花期4~8月，果期7月至翌年3月。
生态习性：	喜光，忌阳光直射；喜温暖湿润气候，不耐寒；喜疏松肥沃和排水良好的壤土，不耐干旱。
园林用途：	宜群植草坪边缘及林地，或作绿篱。

植株全貌

花

叶

4.2.39　尖叶木犀榄（锈鳞木犀榄）　*Olea ferruginea*

科　　属： 木犀科　木犀榄属

形态特征： 常绿灌木或小乔木，小枝近四棱形，无毛；叶对生，革质，狭披针形至矩圆形；圆锥花序腋生；核果椭圆状或近球状，暗褐色；花期 4~8 月，果期 8~11 月。

生态习性： 喜光，喜温暖湿润气候；喜微酸性土壤，萌芽力极强，耐修剪。

园林用途： 宜丛植于公园或居住区、道路等地，还可作绿篱。

小叶

叶

植株全貌

园林应用

4.2.40　四季桂（月月桂）　*Osmanthus fragrans* var. *Semperflorens*

科　　属： 木犀科　木犀属

形态特征： 常绿灌木或小乔木，树冠卵圆形；叶对生，较小，叶边缘有锯齿；伞形花序腋生，花淡黄色；核果椭圆形；一年可数次开花，香味较淡。

生态习性： 喜光，也耐阴；喜温暖湿润气候，不耐严寒；喜地势干燥、富含腐殖质的微酸性土壤，不耐干旱瘠薄土壤，忌盐碱土和涝渍地。

园林用途： 优良的芳香花木，宜丛植于庭院和建筑物周围，或作绿篱。

园林应用

园林应用

花

叶

4.2.41　软枝黄蝉（黄莺）　　　　　*Allemanda cathartica*

园林应用

科　　属： 夹竹桃科　黄蝉属

形态特征： 常绿藤状灌木，具白色乳汁；叶对生，3~5 片轮生，倒卵形、狭倒卵形或长椭圆形，先端渐尖；聚伞花序顶生，黄色；蒴果近球形；花期春夏。

生态习性： 喜光，喜高温多湿气候，不耐寒；不耐干旱，对土壤要求不严。

园林用途： 枝条柔软，花期长，宜丛植植在公园或居住区、道路等地，还可作花廊、花架、绿篱等。

植株全貌

花

叶

4.2.42　黄蝉（硬枝黄蝉）　　　　　*Allemanda schottii*

科　　属： 夹竹桃科　黄蝉属

形态特征： 常绿灌木，叶 3~5 片轮生，长椭圆形或狭倒卵形，全缘；聚伞花序顶生，花柠檬黄色，花冠管狭漏斗状；蒴果近球形；花期 5~8 月，果期 10~12 月。

生态习性： 喜光，喜高温多湿气候，不耐寒；不耐干旱，喜肥沃、排水良好的土壤。

园林用途： 优良的观花观叶植物，适于作道路绿化和丛植于公园绿地。

植株全貌

叶

叶和花

花

4.2.43　夹竹桃（红花夹竹桃）　　　*Nerium indicum*

科　　属： 夹竹桃科　夹竹桃属

形态特征： 常绿大灌木，叶3~4枚轮生，在枝条下部为对生，窄披针形，全绿，革质；聚伞花序顶生，花冠紫红色、粉红色、白色、橙红色或黄色，单瓣或重瓣，芳香；蓇葖果圆柱形；几乎全年有花，果期一般在冬春季。

生态习性： 喜光，喜温暖湿润气候；抗大气污染，耐海潮，耐瘠薄，但不耐阴，对土壤要求不严格。

园林用途： 优良的观花花木，宜丛植、片植在公园绿地、道路绿化带和工厂附属绿地，还可作防护花篱。

矮化品种

植株全貌

花

叶

4.2.44　黄花夹竹桃（酒杯花）　　　*Thevetia peruviana*

科　　属： 夹竹桃科　黄花夹竹桃属

形态特征： 常绿小乔木或大灌木，全株无毛；多枝柔软，小枝下垂，全株具丰富乳汁；叶互生，近革质，无柄，线形或线状披针形，全缘；花大，黄色，具香味，顶生聚伞花序；核果扁三角状球形；种子2~4颗；花期5~12月，果期8月至翌年4月。

生态习性： 喜光，也能适应较阴的环境；喜温暖湿润气候，耐寒力不强。

园林用途： 优良的观花花木，宜丛植、片植在公园绿地、道路绿化带和工厂附属绿地，还可作防护花篱。

果

叶

花

植株全貌

4.2.45　狗牙花（白狗花）　　　　　　　*Ervatamia divaricata*

科　　属：夹竹桃科　狗牙花属

形态特征：常绿灌木，枝和小枝灰绿色，有皮孔；叶坚纸质，
　　　　　椭圆形或椭圆状长圆形；聚伞花序腋生，花冠白
　　　　　色；花期 6~11 月，果期秋季。

生态习性：喜半阴，喜温暖湿润气候，不耐寒；喜肥沃排水
　　　　　良好的酸性土壤。

园林用途：优良的芳香花木，宜丛植于庭院和建筑物周围，
　　　　　或作绿篱。

叶

植株全貌

花

园林应用

4.2.46　马利筋　　　　　　　　　　　　*Asclepias curassavica*

科　　属：萝藦科　马利筋属

形态特征：多年生直立草本，灌木状；全株有白色乳汁；茎
　　　　　淡灰色，无毛或有微毛；叶膜质，披针形至椭圆
　　　　　状披针形；聚伞花序顶生或腋生，花冠紫红色，
　　　　　膏葖披针形；种子卵圆形；花期几乎全年，果期
　　　　　8~12 月。

生态习性：喜温暖湿润气候，不耐霜冻，要求土壤湿润肥沃，
　　　　　不耐干旱。

园林用途：宜用于道路绿化，或作花坛、花境和花篱。

园林应用

花

花、叶

植株全貌

花

4.2.47　栀子（白蝉）　　　　　　*Gardenia jasminoides*

科　　属：茜草科　栀子属

形态特征：常绿灌木，嫩枝常被短毛，枝圆柱形；叶对生，革质，通常为长圆状披针形、倒卵状长圆形、倒卵形或椭圆形；花芳香，通常单朵生于枝顶；果卵形、近球形、椭圆形或长圆形，黄色或橙红色；花期 3~7 月，果期 5 月至翌年 2 月。

生态习性：喜温暖湿润气候，喜疏松肥沃、排水良好的轻黏性酸性土壤，抗有害气体能力强，萌芽力强，耐修剪。

园林用途：优良的芳香花木，宜丛植于庭院、建筑物周围、水畔或山石旁。

重瓣栀子花

叶

花

植株全貌

4.2.48　希茉莉（希美丽）　　　　　*Hamelia patens*

科　　属：茜草科　长隔木属

形态特征：常绿灌木，嫩部均被灰色短柔毛；叶通常 3 枚轮生，椭圆状卵形至长圆形，顶端短尖或渐尖；聚伞花序有 3~5 个放射状分枝，花冠橙红色，冠管狭圆筒状；浆果卵圆状，暗红色或紫色；花期 5~10 月。

生态习性：喜光，耐阴；喜高温高湿气候；喜深厚肥沃的酸性土壤，耐干旱，忌瘠薄。

园林用途：宜丛植于庭院和建筑物周围，或作花篱。

植株全貌

园林应用

花

叶

4.2.49　龙船花（仙丹）　　　　　*Ixora chinensis*

科　　属：茜草科　龙船花属

形态特征：常绿灌木，叶对生，有时由于节间距离极短几成
　　　　　4枚轮生，披针形、长圆状披针形至长圆状倒披
　　　　　针形；花序顶生，多花，具短总花梗，花冠红色
　　　　　或红黄色；果近球形，双生，中间有1沟，成熟
　　　　　时红黑色；花期5~7月。

生态习性：适合高温及日照充足的环境，喜湿润炎热的气候，
　　　　　不耐低温。

园林用途：优良的观花灌木，宜丛植于庭院和建筑物周围，
　　　　　或作绿篱。

4.2.50　红叶金花（红萼花）　　　　*Mussaenda erythrophylla*

科　　属：茜草科　玉叶金花属

形态特征：常绿或半常绿灌木，枝条密被棕色长柔毛；叶对
　　　　　生或轮生，长圆状披针形或卵状披针形；伞房聚
　　　　　伞花序顶生，花冠高脚碟状；浆果椭圆形，花期
　　　　　6~10月。

生态习性：喜光，喜高温多湿气候；不耐干旱，对土壤要求
　　　　　不严，土壤以排水良好的沙壤土为好。

园林用途：优良的观叶植物，适于作道路绿化和丛植于公园
　　　　　绿地。

4.2.51　六月雪（满天星）　　　*Serissa japonica*

科　　属：茜草科　白马骨属

形态特征：常绿小灌木，叶革质，卵形至倒披针形，顶端短
　　　　　尖至长尖，边全缘，无毛；花单生或数朵丛生于
　　　　　小枝顶部或腋生，花冠淡红色或白色；花期5~7月。

生态习性：耐阴，喜温暖湿润气候，喜排水良好、肥沃和湿
　　　　　润疏松的土壤，对环境要求不高，生长力较强。

园林用途：宜作道路绿化的绿篱，或造型植物配置在山石旁
　　　　　或模纹花坛中。

叶

园林应用

叶

叶

4.2.52　基及树（福建茶）　　　*Carmona microphylla*

科　　属：紫草科　基及树属

形态特征：常绿灌木，具褐色树皮，多分枝；叶革质，倒卵
　　　　　形或匙形，先端圆形或截形、具粗圆齿；团伞花
　　　　　序开展，花冠钟状，白色，或稍带红色；核果。

生态习性：耐阴，喜温暖湿润气候，不耐寒；萌芽力强，耐
　　　　　修剪。

园林用途：宜作道路绿化的绿篱，也可作造型植物。

园林应用

花

园林应用

叶

4.2.53　菲岛福木（福木）　　　　　　　　*Garcinia subelliptica*

科　　属：　藤黄科　山竹子属

形态特征：　常绿大灌木，叶对生，椭圆形革质，暗绿色，有
　　　　　　光泽；穗状花序顶生或腋生；花单性，雌雄同株，
　　　　　　花冠黄白色，雄花具多数雄蕊；核果球形，秋季
　　　　　　成熟；夏至秋季为开花期。

生态习性：　喜光，喜高温湿润气候；能抗风，抗盐碱，也有
　　　　　　较好的防噪声效果。

园林用途：　优良的园林风景树，可单植、列植、配置或群植
　　　　　　在道路绿地公园绿地。

植株全貌

花

小枝

叶

4.2.54　鸳鸯茉莉（双色茉莉）　　　　　　*Brunfelsia pauciflora*

科　　属：　茄科　鸳鸯茉莉属

形态特征：　常绿灌木，单叶互生，长披针形或椭圆形，先端
　　　　　　渐尖；花单朵或数朵簇生，有时数朵组成聚伞花
　　　　　　序；花期 4~10 月。

生态习性：　喜光且耐半阴，喜温暖湿润气候，耐寒性不强；
　　　　　　耐干旱，但不耐涝；不耐瘠薄。

园林用途：　优良的观花植物，宜作道路绿化、花境或丛植于
　　　　　　公园绿地。

花和小枝

植株全貌

果

花

4.2.55　可爱花（喜花草）　　　　　*Eranthemum pulchellum*

科　　属：爵床科　喜花草属

形态特征：常绿灌木，叶对生，叶片通常卵形，有时椭圆形，全缘或有不明显的钝齿；穗状花序顶生和腋生，具覆瓦状排列的苞片，花萼白色，花冠蓝色或白色，高脚碟状；蒴果。

生态习性：耐阴，喜温暖湿润的气候，但不耐寒。

园林用途：优良的观花植物，宜作道路绿化、花境或丛植于公园绿地。

植株全貌

小枝

叶

花

4.2.56　艳芦莉（红花芦莉）　　　　*Ruellia elegans*

科　　属：爵床科　蓝花草属

形态特征：常绿小灌木，叶对生，椭圆状披针形或长卵圆形，叶绿色，微卷，先端渐尖，基部楔形；花腋生，花冠筒状，5裂，鲜红色，花期夏、秋季。

生态习性：喜光，喜温暖湿润气候；喜含有机质的中性至微酸性壤土或沙壤土。

园林用途：优良的观花植物，宜作道路绿化、花境或丛植于公园绿地。

花

园林应用

叶

花、叶

4.2.57　金脉爵床（金叶木）　　　　　*Sanchezia nobilis*

科　　属：爵床科　喜花草属

形态特征：常绿灌木，叶对生，卵状披针形，先端急尖或短
渐尖，叶面绿色，中脉、侧脉及边缘均为鲜黄色
或乳白色；穗状花序，花萼褐红色，花冠管状，
二唇形，黄色；花期 3~9 月。

生态习性：喜半阴，忌强光直射；喜高温多湿的气候，不耐寒；
要求深厚肥沃的沙质土壤。

园林用途：宜栽植在高大乔木下的半阴处丛植或列植。

花萼

植株全貌

花

叶

4.2.58　硬枝老鸦嘴（蓝吊钟）　　　　*Thunbergia erecta*

科　　属：爵床科　老鸦嘴属

形态特征：常绿灌木，分枝纤细，四棱形，叶对生，卵形，
先端渐尖，纸质，全缘；花单生于叶腋，花冠二
唇形，管部白色，微弯曲，檐部蓝紫色，喉部黄色；
蒴果长圆锥形，花期 1~3 月和 8~11 月。

生态习性：喜光且较耐阴，喜高温多湿气候；较耐旱，对土
壤选择不严。

园林用途：枝条柔软，宜丛植于公园、宅旁、草地边和山石边。

花

叶

果

叶

花

4.2.59　赪桐（朱桐）　　　　　　　*Clerodendrum japonicum*

科　　属：马鞭草科　赪桐属

形态特征：落叶或常绿灌木，叶对生，心形，纸质，先端渐尖，
叶缘浅齿状；聚伞花序组成大型的顶生圆锥花序，
花萼大、花冠、花梗均为鲜艳的深红色；果圆形，
蓝紫色；花期 5~11 月，果期 2 月至翌年 1 月。

生态习性：喜光，喜温暖多湿气候，耐半阴；耐湿又耐旱；
喜深厚的酸性土壤，耐瘠薄。

园林用途：优良的观花花木，宜栽植在高大乔木下的半阴处
丛植或列植。

植株全貌

花序

叶

花

4.2.60　假连翘（金露花）　　　　　　*Duranta repens*

科　　属：爵床科　虾衣草属

形态特征：常绿灌木，枝常拱形下垂；叶对生，卵形或卵状
椭圆形，边缘有锯齿；总状花序顶生或腋生，花小，
高脚碟状，蓝紫色；果圆形或近卵形，顶端喙尖；
花果期 5~10 月。

生态习性：喜光且耐半阴，喜温暖湿润气候，不耐寒；耐干旱，
耐修剪，对土壤的适应性强。

园林用途：优良的绿篱植物，常整形球状灌木配置于公园绿
地或道路绿化带中。

植株全貌

叶

果

花

4.2.61 金叶假连翘（黄叶假连翘） *Duranta repens* cv. Dwarf Yellow

科　属：马鞭草科　假连翘属

形态特征：常绿半攀援状灌木，叶对生，卵形或卵状椭圆形，嫩叶金黄色；总状花序顶生或腋生，花冠淡紫色；核果圆形或近卵形，果橙黄色，有光泽；花果期5~10月。

生态习性：喜光且耐半阴，喜温暖湿润气候，不耐寒；耐干旱，耐修剪，对土壤的适应性强。

园林用途：优良的绿篱植物，常整形球状灌木配置于公园绿地或道路绿化带中。

果

花

植株全貌

叶

4.2.62 冬红（帽子花） *Holmskioldia sanguinea*

科　属：马鞭草科　冬红属

形态特征：常绿灌木，叶对生，卵形或宽卵形，具锯齿；圆锥花序，花萼朱红或橙红色，倒圆锥状蝶形，花冠朱红色；核果倒卵状圆形；花期春夏季；种子秋冬季成熟。

生态习性：喜光；喜温暖多湿的气候，不耐寒；喜肥沃、保水能力好的沙质土壤。

园林用途：优良的观花灌木，常整形球状灌木配置于公园绿地或道路绿化带中。

园林应用

叶

花

植株全貌

4.2.63　蔓马缨丹（紫花马缨丹）　　*Lantana montevidensis*

花序

科　　属：马鞭草科　马缨丹属

形态特征：常绿灌木，枝被毛；叶纸质，卵形，两面均被毛；花玫瑰红色而带青紫色；花期几乎全年。

生态习性：喜光，喜温暖湿润气候，对土壤要求不严。

园林用途：宜作花坛、花境、地被植物和道路绿化带的镶边植物。

园林应用

园林应用

花序

叶

4.2.64　朱蕉　　*Cordyline fruticosa*

科　　属：龙舌兰科　朱蕉属

形态特征：常绿灌木，有匍匐根状茎，茎直立；叶聚生于茎顶，近革质，披针状长椭圆形，先端渐尖，边全缘或浅波状，绿色或紫红色；圆锥花序腋生，花淡红色或白色，花被片条形；浆果球形，花期夏秋季。

生态习性：喜光且耐半阴，喜温暖湿润气候，不甚耐寒；不耐干旱，忌积水，对土质要求不严。

园林用途：应用广泛，宜在草地、花坛、湖边、建筑物前、庭院角隅或路缘作列植或丛植，还可盆栽种植。

植株全貌

叶

叶

叶

4.2.65　红边朱蕉（朱边铁）　　　　*Cordyline terminalis* cv. Red Edge

科　　属：龙舌兰科　朱蕉属

形态特征：常绿灌木，干直立；叶聚生于茎顶，叶长片剑状，革质或刚硬状，紫褐色，有桃红色边缘；圆锥花序，花带绿色、白色或黄色。

生态习性：喜光且耐半阴，喜温暖湿润气候，不甚耐寒；不耐干旱，忌积水，对土质要求不严。

园林用途：应用广泛，宜在草地、花坛、湖边、建筑物前、庭院角隅或路缘作列植或丛植，还可盆栽种植。

园林应用

园林应用

植株全貌

叶

4.2.66　千年木（龙血树）　　　　*Dracaena marginata*

科　　属：龙舌兰科　龙血树属

形态特征：常绿灌木，茎干圆直，叶片细长，新叶向上伸长，老叶垂悬，叶片中间是绿色，边缘有紫红色条纹；圆锥花序，白黄或红紫花瓣六枚；浆果球形，熟时红色。

生态习性：耐阴，忌阳光直射；喜高温高湿，耐旱，喜排水良好的腐殖质壤土。

园林用途：宜丛植于草坪、花坛和建筑物前。

园林应用

小枝

叶

植株全貌

4.2.67　露兜树（露兜勒）　　　　　*Pandanus tectorius*

科　　属：露兜树科　露兜树属

形态特征：常绿灌木或小乔木状，枝干分枝，具气生根；叶簇生于枝顶，革质，带状，叶缘及叶背中肋有锐刺；雌雄异株，雄花序由若干穗状花序组成，雌花序顶生，圆球形；聚合果悬垂，红色，果实形似凤梨；花期 5~8 月；果期 1~10 月。

生态习性：喜光，稍耐阴；喜高温高湿气候，不耐寒，不耐干旱，适生于海岸沙地。

园林用途：宜作居住区、公园和小庭院绿化，作为配景植物，起到点缀作用。

植株全貌

叶和小枝

枝干

果和小枝

4.2.68　红刺露兜（红刺林投）　　　　*Pandanus utilis*

科　　属：露兜树科　露兜树属

形态特征：灌木或小乔木，树高可达 20m；叶带行，革质，由下到上螺旋状着生；叶簇生茎顶，蒂状，具白粉，边缘或叶背面中脉有红色锐刺；花单性异株，无花被，花稠密，芳香；聚花果菠萝状；根的上部裸露，气根较少；花期、果期 9~10 月。

生态习性：喜光，稍耐阴；喜高温高湿气候，不耐寒，不耐干旱，适生于海岸沙地。

园林用途：宜作居住区、公园和小庭院绿化，作为配景植物，起到点缀作用。

植株全貌

叶背

叶基与树干

园林应用

第5章
热带园林草本
与藤本类植物

　　草本植物是茎内木质部不发达、含木质化细胞少、支持力弱的植物，体形一般较矮小，生命周期较短，茎干软弱，多数在生长季节终了时地上部分或整株植物体死亡。植物学上按其完成整个生活史的年限长短，分为一年生、二年生和多年生草本植物。

　　热带园林营造中草本植物的应用种类较多，常见的造景形式有：公园绿地的疏林草地、花境、花海和草坪；道路绿地的绿化分车带基础种植；住区绿地的休闲草地、道路镶边种植、花坛、花箱、立体绿化等。热带地区光照充足、高温多雨，生长在底层的草本植物多喜阴湿环境，耐半阴，植物色彩以深绿色为主。在热带园林中，喜阴湿环境的常见草本植物有蕨类、花叶冷水花、小蚌兰、吊竹梅、蜘蛛抱蛋、龟背竹、白掌、花叶绿萝、春羽、白蝴蝶、水鬼蕉、巴西鸢尾等。色彩较鲜艳的草本植物，一般喜光，耐半阴，常用的观叶植物有大叶红草、彩叶草、花叶良姜、鹤望兰、花叶美人蕉、天门冬、金边万年麻等；观花的草本植物有石竹、千日红、何氏凤仙、长春花、万寿菊、孔雀草、夏堇、金鱼花、醉蝶花、葱兰等。

　　草本植物在热带园林里应用较为广泛，通常在公园绿地、道路绿地、住区绿地的工程造景初期会大量使用观赏草类植物。随着城市立体绿化的发展，人行天桥、高架桥、地铁出口、商业区等地也普遍使用彩叶及开花草本植物作为路桥栏板、建筑墙面的绿化材料。经常应用的草本植物有大叶红草、彩叶草、肾蕨、天门冬、花叶绿萝、鹅掌柴等。

　　藤本植物是茎干细长，自身不能直立生长，必须依附他物而向上攀缘的植物。按茎的质地分为草质藤本和木质藤本，按攀附方式则有缠绕藤本（如紫藤）、吸附藤本（如凌霄）、卷须藤本（如丝瓜）和蔓生藤本（如蔷薇）。藤本植物在热带城市园林绿化中应用可塑性很强。如在公园景观节点常运用藤本植物与山石、亭廊、花架等搭配，形成观赏性较好的景观节点。在热带园林中，常与山石搭配造景的藤本植物有炮仗竹、薜荔、异叶地锦、龙吐珠等；常与亭廊搭配造景的藤本植物有使君子、凌霄、炮仗花、珊瑚藤、锦屏藤、金杯藤等；常附着墙垣形成优美景观的藤本植物有山牵牛、异叶地锦、凌霄花、使君子等。此外，城市高架桥下景观绿化常用异叶地锦、薜荔、龙吐珠等。

5.1 草本类植物

5.1.1 肾蕨（蜈蚣草、圆羊齿） *Nephrolepis auriculata*

小叶

科　　属： 肾蕨科　肾蕨属

形态特征： 附生或土生植物，具根状茎直立，下部有粗钢丝状的匍匐茎；叶簇生，叶片狭披针形，叶轴两侧被纤维状鳞片，羽片多数，互生。

生态习性： 喜温暖湿润，不耐强光。

园林用途： 常见观叶植物，宜片植或丛植于公园道路、山石旁或建筑前。

园林应用

植株全貌

叶

5.1.2 石竹（洛阳花、石菊） *Dianthus chinensis*

植株全貌

科　　属： 石竹科　石竹属

形态特征： 多年生草本植物，茎丛生，具节，膨大似竹，直立，多分枝；叶对生，条形或线状披针形；聚伞花序，花瓣扇形，先端锯齿状，有红色、白色、粉红色，微具香气；花期2~9月，果期7~9月。

生态习性： 喜光，喜干燥通风良好的凉爽气候，不耐酷暑，耐寒，耐干旱。

园林用途： 宜用于花坛、花境、花台或盆栽，或片植于草坪作地被植物，或列植点缀于草坪边缘。

红花

园林应用

红白花

5.1.3 大叶红草（红龙草） *Alternanthera dentata* cv. Ruliginosa

科　　属：苋科　虾钳菜属

形态特征：多年生草本，茎铜红色；叶对生，叶色紫红至紫黑色；冬季开花，头状花序，花乳白色，小球形。

生态习性：喜光，耐寒也耐热，耐旱、耐瘠薄、耐修剪，适应性强。

园林用途：宜片植于花坛、花境、树池，或作地被植物和模纹绿篱。

园林应用

植株全貌

花

叶

5.1.4 千日红（百日红、万年红） *Gomphrena globosa*

科　　属：苋科　千日红属

形态特征：一年生草本，全株有灰色长毛；茎直立，分枝；叶对生，叶片长圆形至椭圆状披针形，全缘，先端尖，基部渐狭成叶柄，两面有细长白柔毛；头状花序圆球形，常紫红色，有时淡紫色或白色；胞果卵圆形；花期6~11月。

生态习性：喜光，喜炎热干燥气候，不耐寒，不择土壤。

园林用途：宜用于花坛、花境、花台或盆栽，或片植于草坪作地被植物，或列植点缀于草坪边缘。

紫花

园林应用

紫花

紫红花

植株全貌

5.1.5　何氏凤仙（玻璃翠、苏丹）　　*Impatiens wallerana*

科　　属：　凤仙花科　凤仙花属

形态特征：　多年生常绿草本，茎多汁；叶翠绿色；花大，花瓣平展，直径可达 4~5cm，花色鲜艳，有红色、紫红色、橙色等；花期 7~9 月。

生态习性：　耐半阴，忌强烈日光直射；喜温暖湿润气候，不耐寒，怕水涝，对土壤要求不严。

园林用途：　宜用于花坛、花境、花台或盆栽，或片植于草坪作地被植物，或列植点缀于草坪边缘。

园林应用

植株全貌

叶

花

5.1.6　新几内亚凤仙（矮凤仙、四季凤仙）　*Impatiens hawkeri*

科　　属：　凤仙花科　凤仙花属

形态特征：　茎肉质，多分枝；叶互生，有时上部轮生状，叶片卵状披针形，叶脉红色；花单生或数朵成伞房花序，花柄长，花色多，有桃红色、粉红色、橙红色等；花期 6~8 月。

生态习性：　耐半阴，忌强烈日光直射；喜温暖湿润气候，不耐寒，怕水涝，对土壤要求不严。

园林用途：　宜用于花坛、花境、花台或盆栽，或片植于草坪作地被植物，或列植点缀于草坪边缘。

粉红花

橙红花

紫红花

叶

5.1.7 彩叶草（锦紫苏、五彩苏） *Coleus blumei*

科　　属：唇形科　鞘蕊花属

形态特征：多年生常绿草本；少分枝，茎四棱形；叶对生，菱状卵形，有粗锯齿，两面有软毛，叶具多种色彩；顶生总状花序，花小，蓝色或淡紫色；花期夏、秋。

生态习性：喜光照、温暖及湿润的环境，要求疏松、肥沃、排水良好的土壤，较为耐寒。

园林用途：美丽的观叶植物，是花坛、花境的良好材料，常用于花坛、会场、剧院布置图案，也可作为花篮、花束的配叶。

园林应用

园林应用

叶

叶

5.1.8 蔓花生（铺地黄金） *Arachis duranensis*

科　　属：蝶形花科　落花生属

形态特征：茎为蔓生，匍匐生长；复叶互生，小叶两对，倒卵形；单花为腋生，蝶形，金黄色，花期长，果期 6~8 月。

生态习性：耐阴，耐旱，耐热；对土壤要求不严，但以沙质土壤为佳。

园林用途：观花期长，宜作公园地被植物。

花

叶

叶和花

植株全貌

5.1.9　花叶冷水花（花叶荨麻）　　*Pilea cadierei*

科　　属：荨麻科　冷水花属

形态特征：多年生草本；或半灌木，无毛，具匍匐根茎；叶对生，纸质，倒卵形或椭圆形，有间断的白斑带；花雌雄异株；雄花序头状，常成对生于叶腋；花期 9~11 月。

生态习性：喜阴，喜温暖；喜排水良好的沙质壤土，且耐湿，生长健壮、抗病虫能力强。

园林用途：宜片植于建筑中庭、角隅、高大乔木下等作为地被植物。

园林应用

花

植株全貌

叶

5.1.10　长春花（日日新）　　*Catharanthus roseus*

科　　属：夹竹桃科　长春花属

形态特征：多年生草本，茎直立多分支，全株无毛；单叶对生，长圆形，全缘，光滑；聚伞花序顶生，花冠粉色、白色或红色，高脚碟状；蓇葖双生，直立，平行或略叉开；花期春至深秋。

生态习性：喜光，忌干热，喜湿润的沙质土壤；夏季应充分灌溉，置于略荫处。

园林用途：宜用于花坛、花境、花台或盆栽，或片植于草坪作地被植物，或列植点缀于草坪边缘。

植株全貌

花

叶

园林应用

5.1.11　万寿菊（臭芙蓉）　　　　*Tagetes erecta*

科　　属：　菊科　万寿菊属

形态特征：　一年生草本，茎直立，粗壮，多分枝；叶对生或互生，羽状全裂，裂片披针形或长矩圆形，有锯齿，叶缘背面具油腺点，有强臭味；头状花序单生；瘦果线形，有冠毛；花期 6~10 月。

生态习性：　喜光，喜温暖干燥气候；耐寒，对土地要求不严，但以肥沃疏松排水良好的土壤为佳。

园林用途：　宜用于花坛、花境、花台或盆栽，或群植点缀于草坪边缘。

植株全貌

橙花

园林应用

黄花

5.1.12　孔雀草（小万寿菊）　　　　*Tagetes patula*

科　　属：　菊科　万寿菊属

形态特征：　一年生草本；羽状复叶，小叶披针形；花梗自叶腋抽出，头状花序顶生，单瓣或重瓣；花色有红褐色、黄褐色、淡黄色、杂紫红色斑点等；花形与万寿菊相似，但较小朵而繁多。

生态习性：　喜温暖和阳光充足的环境，较耐旱，较耐寒，对土壤和肥料要求不严格。

园林用途：　布置花坛、草地、盆栽。

植株原貌

花

园林应用

花

5.1.13　矮牵牛（碧冬茄）　　　　*Petunia hybrida*

科　　属： 茄科　碧冬茄属

形态特征： 一年生草本；全株被绒毛，茎基部木质化，嫩茎直立，老茎匍匐状。单叶互生，卵形，全缘，上部叶对生。花单生叶腋或顶生，花较大，花冠白色或蓝紫色，漏斗状；花期 4~10 月；蒴果，种子细小。

生态习性： 喜光，喜温暖气候，不耐霜冻；喜疏松肥沃的土壤，怕雨涝。

园林用途： 宜用于花坛、花境、花台或立体绿化，或片植于草坪作地被植物。

园林应用

植株全貌

叶

花

5.1.14　金鱼草（龙头花、狮子花）　　　　*Antirrhinum majus*

科　　属： 玄参科　金鱼草属

形态特征： 二年生草本；植株挺直。叶披针形，叶基部对生，上部螺旋状互生；顶生总状花序，花冠筒状唇形，花色多，有黄色、红色、紫红色等，花期长。

生态习性： 喜光，也耐半阴；较耐寒，不耐热，喜疏松肥沃的土壤。

园林用途： 花冠奇特，宜用于花坛、花境、切花或盆栽，或群植点缀于草坪边缘。

红花

花

园林应用

5.1.15　夏堇（蓝猪耳）　　　　　　　　*Torenia fournieri*

科　　属：玄参科　蝴蝶草属

形态特征：一年生草本，株形整齐而紧密；叶长卵形或卵形，边缘具短尖的粗锯齿；花腋生或顶生总状花序，花色有紫青色、桃红色、兰紫色、深桃红色及紫色等；种子小，黄色；花果期 6~12 月。

生态习性：喜光，不耐寒，较耐热；对土壤适应性较强，但喜湿润而排水良好的壤土。

园林用途：宜用于花坛、花境、花钵或树池，或群植点缀于草坪边缘。

红白花

蓝紫花

植株全貌

紫白花

5.1.16　小蚌兰（小紫背万年青）　　　*Rhoeo spathacea*

科　　属：鸭跖草科　蚌兰属

形态特征：叶簇生于短茎，剑形，硬挺质脆，叶面绿色，叶背紫色；花序腋生于叶的基部，佛焰苞呈蚌壳状，淡紫色，花瓣三片。

生态习性：喜光，喜温暖湿润气候；喜肥沃、排水良好的含腐植质壤土。

园林用途：宜片植在半阴环境的草坪、建筑中庭、山石旁作为地被植物。

园林应用

叶

花

植株全貌

5.1.17　吊竹梅（吊竹兰、斑叶鸭跖草）　*Zebrina pendula*

科　　属：　鸭跖草科　吊竹梅属

形态特征：　多年生常绿草本；茎细弱，绿色，多分枝，节上
生根；叶长圆形，叶面绿色杂以银白色条纹或紫
色条纹，有的叶背紫红色；花簇生于2个无柄的
苞片内，萼管白色，花冠管白色。

生态习性：　喜半阴，忌阳光直射；喜温暖湿润气候，不择土壤，
生长适应性强。

园林用途：　常用的观叶植物，宜片植在半阴环境的草坪、建
筑中庭、山石作为地被植物。

植株全貌

园林应用

叶

园林应用

5.1.18　芭蕉（巴蕉）　*Musa basjoo*

科　　属：　芭蕉科　芭蕉属

形态特征：　常绿多年生草木；茎不分枝，丛生；叶大，呈长
椭圆形，有粗大的主脉，两侧具有平行脉，叶表
面浅绿色，叶背粉白色；入夏，叶丛中抽出淡黄
色的大型花。

生态习性：　耐半阴，喜温暖但耐寒力弱；茎分生能力强，生
长较快，适应性较强。

园林用途：　宜孤植、丛植于庭院中庭的一角、窗前、墙边，
假山或湖畔。

果

植物全貌

园林应用

叶

5.1.19　旅人蕉（扇芭蕉）　　　　　　　*Ravenala madagascariensis*

科　　属：旅人蕉科　旅人蕉属

形态特征：常绿乔木状多年生草本植物；干直立，不分枝；
　　　　　叶成两纵列排于茎顶，呈窄扇状，叶片长椭圆形；
　　　　　蝎尾状聚伞花序腋生，总苞船形，白色。

生态习性：喜光，喜高温多湿气候，不耐寒；喜肥沃而保湿
　　　　　性好的土壤。

园林用途：典型热带植物，宜孤植、丛植在公园、风景区。

园林应用

叶

叶柄

植株全貌

5.1.20　鹤望兰（天堂鸟、极乐鸟花）　　*Strelitzia reginae*

科　　属：旅人蕉科　鹤望兰属

形态特征：多年生草本；肉质根粗壮，无茎；叶大似芭蕉，
　　　　　对生两侧排列，有长柄；花茎顶生或生于叶腋间，
　　　　　高于叶片，花形独特，佛焰苞紫色，花萼橙黄色，
　　　　　花瓣天蓝色；秋冬开花，长达三个月以上。

生态习性：喜光，喜温暖湿润的气候，不耐寒；喜肥沃而保
　　　　　湿性好的土壤。

园林用途：常见切花植物，具较高经济价值，宜孤植或丛植
　　　　　于公园、庭院。

植株全貌

叶

花

花和叶

5.1.21　花叶良姜（花叶艳山姜、彩叶姜）　*Alpinia zerumbet* cv. Variegata

科　　属： 姜科　山姜属

形态特征： 多年生草本，丛生，地下有块茎；叶广披针形，叶缘有黄色细毛，叶面以中脉为轴，向两侧布有羽毛状黄色斑纹；花茎从叶丛中抽出，花黄色，夏季开放。

生态习性： 喜光也耐阴，喜高温高湿气候，不耐寒；喜肥沃而保湿性好的土壤。

园林用途： 应用广泛，宜丛植于公园绿地、庭院角隅、建筑前、山石池畔处；或列植于道路两侧。

园林应用

叶

花序

花

5.1.22　花叶美人蕉（金脉美人蕉）　*Canna generalis* cv.Striatus

科　　属： 美人蕉科　美人蕉属

形态特征： 多年生宿根草本植物，矮生，有粗壮根状茎，叶宽椭圆形，互生，有明显的中脉和羽状侧脉，金黄色的叶面间杂着细密的绿色条纹；总状花序，顶生，橙红色；花期7~10月。

生态习性： 喜光，喜温暖气候，不耐寒；怕强风，适应性强；喜生长在潮湿及浅水处。

园林用途： 宜片植或群植于花坛、花境，或小丛植于水池、湿地和湖畔处。

植株全貌

叶和花

园林应用

叶

5.1.23　三色竹芋（艳锦密花竹芋）　　*Ctenanthe oppenheimiana* cv. Tricolor

科　　属：竹芋科　肖竹芋属

形态特征：多年生草木，株高 50~70cm，叶片长椭圆形，由基部向上丛生，宽似巴掌，叶背为紫红色，并有绿色斑纹，而叶面则有绿、红、黄、褐、紫等5色。

生态习性：喜半阴，喜温暖潮湿环境，喜排水良好、富含腐殖质的沙质壤土。

园林用途：宜在半阴环境下作地被种植；或丛植于庭院、公园草坪、建筑角隅或山石旁。

花

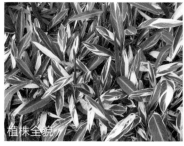

植株全貌

园林应用

植株全貌

5.1.24　天门冬（天冬）　　*Asparagus cochinchinensis*

科　　属：百合科　天门冬属

形态特征：多年生草本植物；具长椭圆形的肉质块根，茎丛生而下垂，基部木质化，光滑而多分枝；叶状枝线形，簇生；小花淡红色至白色，有香味；浆果鲜红色，8~10月成熟。

生态习性：喜光且耐阴，喜湿润气候，不耐低温；喜疏松肥沃、排水良好的土壤。

园林用途：宜丛植于花坛和道路两侧边缘。

植株全貌

叶

花

果

5.1.25　蜘蛛抱蛋（箬叶、一叶兰）　　*Aspidistra elatior*

科　　属： 百合科　蜘蛛抱蛋属

形态特征： 多年生草本；根状茎圆柱形，叶丛自根状茎上丛生而出，叶片长椭圆形，具明显的平行叶脉；花葶自根茎上抽出，花被合生呈钟状；浆果的外形似蜘蛛卵，露出土面的地下根茎似蜘蛛，故名"蜘蛛抱蛋"；花期 7~9 月。

生态习性： 喜阴，喜温暖潮湿环境；夏季怕烈日暴晒，喜疏松肥沃、排水良好的土壤。

园林用途： 宜片植在路侧、湖旁或树下，或配合其他观花植物作配景。

植物全株

园林应用

叶

植株全貌

5.1.26　银边山菅兰　　*Dianella ensifolia* cv. White Variegated

科　　属： 百合科　山菅兰属

形态特征： 多年生草本，茎挺直，坚韧，近圆柱形；叶近基生，革质，线状披针形，边缘有淡黄色边；花葶从叶丛中抽出，圆锥花序顶生，花青紫色或绿白色；浆果紫蓝色，花果期 6~11 月。

生态习性： 喜半阴和光线充足环境；喜高温多湿环境，不耐旱，对土壤条件要求不严。

园林用途： 宜片植或丛植于路侧、庭院和湖畔。

植株全貌

叶

园林应用

植株全貌

5.1.27 假银丝马尾（银纹沿阶草） *Ophiopogon intermedius* cv. Argenteo-Marginatus

科　　属： 百合科　沿阶草属

形态特征： 多年生常绿草本，地下具细长的匍匐走茎，先端或中部膨大，成纺锤状块根；叶呈禾草状丛生，带形，直立生长。叶片绿色，叶缘有纵长条白边；总状花序；浆果紫色。

生态习性： 喜半阴，喜温暖、通风良好的环境；喜疏松肥沃、排水透气良好土壤。

园林用途： 宜在半阴的环境下作地被植物，或植于草坪、路侧、阶边、花境作镶边材料。

花

植株全貌

叶

园林应用

5.1.28 玉龙草（短叶沿阶草） *Ophiopogon japonicus* cv. Nanus

科　　属： 百合科　沿阶草属

形态特征： 多年生草本植物，具有块根，根系发达，簇生成半球团状；叶细线形，茂密，深绿色，叶基锐，叶尖钝，叶缘粗糙。

生态习性： 极耐阴，喜疏松肥沃、排水良好的土壤，适应性强，耐践踏。

园林用途： 宜在半阴的环境下作地被植物，或植于草坪、路侧作镶边材料。

园林应用

植株全貌

园林应用

叶

5.1.29 红掌（花烛、红鹤芋） *Anthurium andraeanum*

科　　属： 天南星科　花烛属

形态特征： 多年生附生性常绿草本植物，叶鲜绿色，长椭圆状心脏形，花梗超出叶上，佛焰苞阔心脏形，表面波状，鲜红色、橙红肉色、白色，肉穗花序，圆柱状，直立；四季开花。

生态习性： 喜半阴，需在弱光环境中生长；喜温暖潮湿环境；夏季生长适温 20~25℃，冬季越冬温度不可低于 15℃。

园林用途： 色泽鲜艳，造形奇特，宜作热带切花材料，或在荫棚中栽植。

园林应用

植株全貌

花和佛焰苞

花和佛焰苞

5.1.30 龟背竹（蓬莱蕉、铁丝兰） *Monstera deliciosa*

科　　属： 天南星科　龟背竹属

形态特征： 半蔓型，茎粗壮，节多似竹；叶厚革质，互生，暗绿色或绿色，幼叶心脏形，长大后叶呈矩圆形，具不规则羽状深裂，自叶缘至叶脉附近孔裂；花状如佛焰，淡黄色。

生态习性： 喜半阴，忌阳光直射；喜温暖湿润气候，耐寒；喜肥沃、富含腐殖质的沙质壤土，忌干旱。

园林用途： 宜丛植于半阴环境的庭院中庭、水池边、山石旁和大树下。

园林应用

植株全貌

叶

叶

5.1.31 春羽（羽裂喜林芋、羽裂蔓绿）　　*Philodendron selloum*

科　　属： 天南星科　喜林芋属

形态特征： 多年生草本；茎粗壮，直立，叶于茎顶向四方伸展，叶身鲜浓有光泽，呈卵状心脏形，羽状深裂，呈革质。

生态习性： 喜半阴，忌阳光直射；喜温暖湿润气候，耐寒；喜肥沃、富含腐殖质的沙质壤土，忌干旱。

园林用途： 宜丛植于半阴环境的庭院中庭、水池边、山石旁和大树下。

园林应用

叶

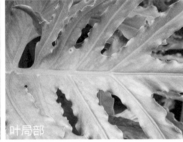

叶局部

叶

5.1.32 花叶绿萝（石柑子、抽叶藤）　　*Scindapsus aureus* var.*wilcoxii*

科　　属： 天南星科　藤芋属

形态特征： 多年生常绿攀援草本植物，茎蔓长达数米。叶生长较密，互生，心形，上具有不规则大面积的黄色斑块或条纹，全缘；叶柄及茎秆黄绿色或褐色。

生态习性： 喜半阴，忌太阳暴晒；喜温凉湿润环境，较耐寒冷，生长适温为 20~28℃；较耐干旱，耐瘠薄。

园林用途： 宜作半阴环境下的地被植物、棚架攀爬和墙面绿化，或室内吊盆和盆栽。

植株全貌

叶

园林应用

园林应用

5.1.33 白掌（白鹤芋、苞叶芋）　　*Spathiphyllum kochii*

科　　属：天南星科　白鹤芋属

形态特征：多年丛生状常绿草本植物；叶长圆形或近披针形，有长尖，基部圆形；花为佛苞，呈叶状，花大而显著，花较长而高出叶面，白色或绿色。

生态习性：喜半阴，需在弱光环境中生长；喜温暖潮湿环境，不耐寒。

园林用途：宜作热带切花材料，或在荫棚中栽植。

植株全貌

花

园林应用

园林应用

5.1.34 白蝴蝶（白蝶合果芋）　　*Syngonium podophyllum*

科　　属：天南星科　合果芋属

形态特征：常绿蔓性草本植物；茎节具气生根；叶片呈两型性，幼叶为单叶，箭形或戟形；老叶成 5~9 裂的掌状叶，中间一片叶大型，叶基裂片两侧常着生小型耳状叶片；佛焰苞浅绿色或黄色，花期秋季。

生态习性：喜半阴,忌太阳暴晒；喜温凉湿润环境，较耐寒冷；较耐干旱，耐瘠薄。

园林用途：宜作半阴环境下的地被植物、棚架攀爬和墙面绿化，或室内吊盆和盆栽。

叶

叶

植株全貌

园林应用

5.1.35　水鬼蕉（美洲水鬼蕉、蜘蛛兰）　*Hymenocallis littoralis*

科　　属：石蒜科　水鬼蕉属

形态特征：多年生草本；叶剑形，端锐尖，多直立，鲜绿色；花白色无梗，呈伞状着生，芳香，花被片线状，副冠钟形或阔漏斗状；花期春末至夏季。

生态习性：喜半阴，喜温暖湿润气候，不耐寒；喜富含腐殖质的沙质壤土或黏质壤土。

园林用途：花形奇特，花姿素雅，宜丛植、片植于路侧、草坪边缘、花坛、花境或半阴环境的大树下。

花

植株全貌

植株全貌

园林应用

5.1.36　葱兰（玉帘、葱莲）　*Zephyranthes candida*

科　　属：石蒜科　葱莲属

形态特征：多年生草本；鳞茎卵形，叶狭线形，肥厚；花单生于花茎顶端，花白色，外面常带淡红色；蒴果近球形，种子黑色，扁平；花期8~11月。

生态习性：喜半阴，喜温暖湿润气候，较强的耐寒性；喜排水良好、肥沃而略黏质的土壤。

园林用途：花期较长，养护简单，宜片植于花坛、路侧、草坪边缘或半阴环境。

花和叶

植株全貌

园林应用

花

5.1.37 朱顶红（红花莲、百枝莲） *Hippeastrum rutilum*

科　　属: 石蒜科　朱顶红属

形态特征: 多年生草本；鳞茎近球形，并有葡匐枝；叶花后抽出，带形；花茎中空，稍扁，具白粉；伞形花序，花被漏斗状，花被裂片长圆形，洋红色，略带绿色，喉部有小鳞片；花期夏季。

生态习性: 喜光，喜温暖湿润气候；怕水涝，喜富含腐殖质、排水良好的沙质壤土。

园林用途: 宜丛植或片植花坛、花境、花钵或路侧；或作鲜切花材料。

植株全貌

园林应用

花

园林应用

5.1.38 射干（绞剪草、野萱花） *Belamcanda chinensis*

科　　属: 鸢尾科　射干属

形态特征: 多年生草本；根状茎横走，结节明显，外皮鲜黄色，须根多，茎直立；叶两列，扁平，色绿，叶脉平行；二歧状伞房花序顶生，花橙红色，散生紫色斑点；花期6~8月，果期7~9月。

生态习性: 喜光，喜温暖，耐寒，适应性强，耐干旱。

园林用途: 宜丛植或片植花坛、花境或路侧；或作鲜切花材料。

植株全貌

园林应用

花

果

5.1.39 巴西鸢尾（马蝶花、鸢尾兰） *Neomarica gracilis*

科　　属：鸢尾科　鸢尾属

形态特征：叶从基部根茎处抽出，呈扇形排列；叶革质；花从花茎顶端鞘状苞片内开出，花有 6 瓣，3 瓣外翻的白色苞片，基部有红褐色斑块，另 3 瓣直立内卷，为蓝紫色并有白色线条；花期 4~9 月。

生态习性：环境适应性强，喜湿润土壤。

园林用途：水边绿化，草地点缀。

植株全貌

叶

园林应用

花

5.1.40 金边万年麻（黄纹万年麻、万年兰） *Furcraea foetida*

科　　属：龙舌兰科　万年兰属

形态特征：叶呈放射状生长，剑形，叶缘有刺，波状弯曲；斑叶品种无刺或有零星刺，叶面有乳黄色和淡绿色纵纹。

生态习性：喜光，强光下生长旺盛；性强健，生长缓慢，不需常修剪；耐热、耐旱，抗风、抗污染。

园林用途：宜散植在山石旁、草坪或与其他花卉配置，切叶是插花高级素材。

园林应用

园林应用

植株全貌

园林应用

5.1.41　中华结缕草　　　*Zoysia sinica*

科　　属： 禾本科　结缕草属

形态特征： 多年生草本植物，具横走根茎，茎部常具宿存枯
萎的叶鞘；叶片淡绿色或灰绿色，背面色较淡，
扁平或边缘内卷；总状花序穗形，黄褐色或略带
紫色；叶光滑无毛，侧脉不明显，棕褐色；花果
期 5~10 月。

生态习性： 阳性喜温植物，对环境条件适应性广。

园林用途： 应用于全国各地的足球场、高尔夫球场、自行车
赛车场、棒球场等体育运动场地。

园林应用

叶

叶

叶

5.1.42　地毯草（大叶油草、巴西地毯草）　　*Axonopus compressus*

科　　属： 禾本科　地毯草属

形态特征： 多年生草本植物，具匍匐茎。茎秆扁平，节上长根，
密生灰白色柔毛；叶片柔软，先端钝，边缘具缘毛；
总状花序，较纤细，2~5 枚近指状排列于秆顶端。

生态习性： 喜半阴，喜湿润气候，不耐霜冻；喜肥沃土壤，
不耐干旱和瘠薄；再生力强，耐践踏。

园林用途： 常用于草坪种植。

叶

园林应用

园林应用

园林应用

5.1.43　台湾草（天鹅绒草）　*Zoysia tenuifolia*

科　　属：　禾本科　结缕草属

形态特征：　多年生草本植物，匍匐茎发达，秆直立，茎纤细；
　　　　　　叶线状内卷，革质；总状花序，小穗披针形，紫
　　　　　　色或绿色，花果期 8~12 月。

生态习性：　喜光，耐阴性弱；耐土壤潮湿和干旱性强；耐暑
　　　　　　性强，但不耐寒，冬季低温期呈枯黄现象；耐践踏。

园林用途：　常用于观赏草坪种植。

植株全貌

植株全貌

叶

园林应用

5.1.44　文心兰（舞女兰、金蝶兰）　*Oncidium hybridum*

科　　属：　兰科　舞女兰属

形态特征：　多年生草本植物；根状茎粗壮，叶卵圆至长圆形，
　　　　　　革质，常有深红棕色斑纹；花茎粗壮，圆锥花序，
　　　　　　小花黄色、有棕红色斑纹，花的唇瓣通常三裂，
　　　　　　或大或小，呈提琴状。

生态习性：　喜半阴，温暖湿润气候，不耐低温；喜疏松肥沃、
　　　　　　排水良好的酸性土壤。

园林用途：　良好的观花观叶植物，常用于盆栽花卉观赏，也
　　　　　　是加工花束、小花篮的高档用花材料。

园林应用

全株

花

园林应用

5.1.45　蝴蝶兰（蝶兰、台湾蝴蝶兰）　*Phalaenopsis aphrodite*

科　　属：　兰科　蝴蝶兰属

形态特征：　附生植物，茎很短，常被叶鞘所包；叶片稍肉质，椭圆形、长圆形或镰刀状长圆形；花序侧生于茎的基部，花序轴紫绿色，常具数朵由基部向顶端逐朵开放的花，花苞片卵状三角形；花期4~6月。

生态习性：　喜半阴和高温高湿环境，喜温暖湿润气候，不耐低温；喜疏松肥沃、排水良好的酸性土壤。

园林用途：　良好的观花观叶植物，常用于盆栽花卉观赏，还是优质的切花材料。

植株全貌

园林应用

花

花

5.1.46　醉蝶花（凤蝶草、紫龙须）　*Cleome spinosa*

科　　属：　白花菜科　白花菜属

形态特征：　一年生草本，茎有黏质腺毛，枝叶具气味；掌状复叶互生，小叶5~7枚，长椭圆状披针形，有叶柄，两枚托叶演变成钩刺；总状花序顶生，边开花边伸长；花期7~10月。

生态习性：　喜光，喜温暖干燥的环境，略耐阴，不耐寒，喜疏松肥沃的土壤。

园林用途：　常见观花草本，宜丛植或片植于花坛、花境、草坪和树池等，作观赏和蜜源植物。

粉花

植株全貌

紫花

园林应用

5.2 藤本类植物

5.2.1 珊瑚藤（紫苞藤、朝日蔓） *Antigonon leptopus*

科　　属：　蓼科　珊瑚藤属

形态特征：　半落叶藤本植物；地下根为块状，茎先端呈卷须状；单叶互生，呈卵状心形，叶纸质，具叶鞘；圆锥花序与叶对生，花有五个似花瓣的苞片；果褐色，呈三菱形；春末至秋季开花。

生态习性：　喜光，喜高温湿润气候；喜疏松肥沃土壤。

园林用途：　优良的垂直绿化植物，宜植于花架、棚架、花廊、山石旁。

植株全貌

叶

花

枝

5.2.2 使君子（索子果） *Quisqualis indica*

科　　属：　使君子科　使君子属

形态特征：　落叶木质藤本；叶对生，长椭圆形至椭圆状披针形，叶柄被毛，宿存叶柄基部呈刺状；穗状花序顶生；萼筒细管状，花瓣5，白色后变红色，有香气；果实橄榄状，黑褐色；花期初夏，果期秋末。

生态习性：　喜光，耐半阴，喜高温多湿气候；不耐寒，不耐干旱。

园林用途：　优良的垂直绿化植物，宜植于花廊、棚架、花门、栅栏等地。

植株全貌

花

枝

叶

5.2.3 白花油麻藤（禾雀花、勃氏黧豆） *Mucuna birdwoodiana*

科　　属：　蝶形花科　黧豆属

形态特征：　常绿大型木质藤本；3 小叶复叶，互生，革质，卵状椭圆形；总状花序自老茎上长出，成串下垂，花冠白色；花期为 4~6 月，荚果木质。

生态习性：　较耐阴，喜温暖湿润气候；喜排水良好的肥沃土壤，适应性强。

园林用途：　宜植于花架、棚架、花门和墙垣等地，花期景观壮美。

花

植株全貌

叶

果

5.2.4 薜荔（王不留行） *Ficus pumila*

科　　属：　桑科　榕属

形态特征：　常绿藤木，借气根攀援；含乳汁；叶互生，椭圆形，全缘，基部 3 主脉，革质，表面光滑，背面网脉隆起并构成显著小凹眼；同株上常有异形小叶；隐花果梨形或倒卵形。

生态习性：　耐阴，喜温暖湿润气候，不耐寒；不择土壤，酸性、中性土壤中均能生长。

园林用途：　多附生于石头、墙体等处作垂直绿化。

枝

植株全貌

园林应用

叶

5.2.5　锦屏藤（蔓地榕、珠帘）　　　*Cissus sicyoides* cv. Ovata

科　　属：　葡萄科　白粉藤属

形态特征：　多年生常绿蔓性植物；枝条细，具卷须；叶互生，长心形；老株自茎节处生长红褐色细长气根；聚伞花序，与叶对生，淡绿白色；浆果球形；花期春至秋季，果期7~8月。

生态习性：　喜光，喜温暖湿润气候，喜排水良好的肥沃土壤。

园林用途：　气根悬垂如门帘，宜作绿廊、绿墙或荫棚绿化。

植株全貌

园林应用

园林应用

园林应用

5.2.6　异叶地锦（异叶爬墙虎）　　　*Parthenocissus dalzielii*

科　　属：　葡萄科　地锦属

形态特征：　落叶藤本；卷须顶端常扩大成吸盘；植株有显著的两型叶，单叶或由三小叶复叶，互生，在秋季叶色变红；花期5~7月，果期7~11月。

生态习性：　喜光也耐阴，喜温暖湿润气候；不择土壤，适应性强，具攀援性。

园林用途：　华南地区常见的垂直绿化植物，宜作墙垣、驳岸和建筑垂直绿化材料。

植株全貌

叶

园林应用

枝

5.2.7　炮仗竹（爆竹花、吉祥草）　　*Russelia equisetiformis*

科　　属：玄参科　炮仗竹属

形态特征：叶小，对生或轮生，退化成披针形的小鳞片；聚伞圆锥花序，花红色，花冠长筒状，长约 2cm；花期春、夏季。

生态习性：喜半阴，耐日晒；喜温暖湿润，不耐寒，越冬温度 5℃以上；耐水湿，耐修剪。

园林用途：宜于山体、墙垣、山石、树坛边种植，也可盆栽观赏。

植株全貌

园林应用

叶

植株全貌

5.2.8　金杯藤（金杯花、金盏藤）　　*Solandra nitida*

科　　属：茄科　金杯藤属

形态特征：常绿藤本灌木；叶片互生，长椭圆形，先端突尖，浓绿色；春至夏季开花，单花顶生，花冠大型，杯状，淡黄色，具香气，花冠大，似一个个金色的杯子，故称金杯藤。

生态习性：喜光，喜温暖湿润气候；喜排水良好的肥沃土壤。

园林用途：优良的垂直绿化植物，宜植于花廊、棚架、花门、栅栏等地。

植株全貌

叶

花

园林应用

5.2.9　凌霄（紫葳、女藏花）　　　*Campsis grandiflora*

科　　属：　紫葳科　凌霄花属

形态特征：　落叶藤本；叶对生，奇数羽状复叶，小叶 7~9 枚，
卵形；顶生大型而松散的圆锥花序，花冠漏斗状，
鲜红色或橘红色，花期 5~8 月；蒴果长如豆荚，
果实 10 月成熟。

生态习性：　喜光，稍耐阴；温暖湿润气候；喜排水良好土壤，
较耐水湿，稍耐盐碱。

园林用途：　优良的垂直绿化植物，宜植于花廊、棚架、花门、
栅栏等地。

园林应用

叶

花

植株全貌

5.2.10　炮仗花（黄金珊瑚、火焰藤）　　　*Pyrostegia venusta*

科　　属：　紫葳科　炮仗藤属

形态特征：　常绿攀援木质藤本；一回羽状复叶，对生，小叶
2~3 枚，顶生小叶常变成 3 叉的丝状卷须；叶面
亮绿色，有光泽；圆锥状聚伞花序顶生，下垂，
花冠橙红色，筒状；蒴果长线形，花期 1~6 月。

生态习性：　喜光，喜温暖湿润气候，喜通风良好环境；喜排水
良好的肥沃土壤。

园林用途：　优良的垂直绿化植物，宜植于花廊、棚架、花门、
栅栏等地。

植株全貌

叶

花

园林应用

5.2.11　龙吐珠（白萼赪桐）　　　　*Clerodendrum thomsonae*

科　　属：　马鞭草科　大青属

形态特征：　常绿攀援状灌木；幼枝四棱形，被黄褐色短绒毛；叶片纸质，全缘；聚伞花序腋生或假顶生，花冠深红色，外被细腺毛；核果近球形，外果皮光亮，棕黑色；花期 3~5 月。

生态习性：　喜半阴，喜温暖湿润气候；喜排水良好的肥沃土壤。

园林用途：　宜植于花架、栅栏、山石旁、墙垣等处作绿化，也可盆栽观赏 。

植株全貌

叶

枝

花

5.2.12　大花老鸭嘴（山牵牛、大邓伯花）　　*Thunbergia grandiflora*

科　　属：　爵床科　山牵牛属

形态特征：　常绿木质大藤本；叶对生，阔卵形；花大，腋生，下垂成总状花序，花冠略偏斜的高脚碟状，初花蓝色，盛花浅蓝色，末花近白色，喇叭状；全年均可开花，夏至秋季为盛花期。

生态习性：　喜光，喜高温多湿气候，喜富含腐殖质的壤土。

园林用途：　宜作花架、花廊、围墙和花门的垂直绿化材料。

植株全貌

叶

花

园林应用

第6章
热带棕榈类、
竹类和水生植物

棕榈类植物属单子叶植物纲的棕榈目棕榈科，一般为单干直立，不分枝，多为乔木，少数为灌木或藤本植物。叶子极大互生，簇生于树干顶部，但在藤本中散生。棕榈类全缘、掌状或羽状分裂的大叶，是热带地区典型的地带性植被景观。

棕榈类植物广泛应用于热带园林造景，常种植于城市广场、道路分车带、专类公园、花园、住区绿地等的主要景观节点和入口位置。其中，广场绿地常用大王椰子、假槟榔、椰子、蒲葵、海枣作行列式或树阵种植，体现其雄伟、挺拔的形象姿态；道路分车带常选用假槟榔、三药槟榔、霸王棕、短穗鱼尾葵、软叶针葵、狐尾椰子、棕榈等构建群落式植被组团，展示热带滨海特色。在公园重要的景观节点，常选用高大的大王椰子、假槟榔、董棕、霸王棕、狐尾椰子等作为背景种植，用三药槟榔、椰子、蒲葵、短穗鱼尾葵、鱼尾葵、棕榈作为中景种植，前置点缀酒瓶椰子、圆叶轴榈、棕竹等近景，形成丰富且深远的景观。

竹类植物喜欢温暖湿润气候，具有较高的观赏和经济价值。热带竹类多为合轴丛生类型，其主要特性是集群生长、叶子具平行支脉和容易扦插繁殖。热带竹类植物的园林应用较为独特，常作为专类植物园的主景树种。热带园林中常用的竹类植物有粉单竹、小琴丝竹、凤尾竹、青皮竹、大佛肚竹、黄金间碧竹等。其中，大佛肚竹和黄金间碧竹的观赏价值较高，栽培广泛，适合搭配山石、亭廊、景墙，作为公园和住区绿地中重要节点的造景植物。

热带水生植物常种植于景观水体的浅水区域或河边湖畔之地，与山石、水鸟、游鱼构成美丽的画图，衬托水的灵动之感。水生植物按生活方式和形态特征大致可分为四类：挺水型植物（如荷花）、浮叶型植物（如王莲）、飘浮型植物（如水葫芦）和沉水型植物（如金鱼藻）。生活在热带地区的人们普遍喜爱水景，在城市滨水景观的营造工程中水生植物的应用十分广泛。常用的观花水生植物有莲、睡莲、千屈菜、水生美人蕉、梭鱼草、再力花等；采用观叶的水生植物有狐尾藻、菖蒲、海芋、花叶芦竹、纸莎草、风车草等。

6.1 棕榈类植物

6.1.1 假槟榔 *Archontophoenix alexandrae*

科　　属：棕榈科　假槟榔属

形态特征：常绿乔木，单生；茎干具阶梯状环纹，干基稍膨
大；叶羽状，叶背面被灰白色鳞秕状物；叶柄短，
叶鞘膨大抱茎，革质；果实卵球形，成熟时鲜红色；
花期 4 月，果期 4~7 月。

生态习性：喜高温高湿气候，喜避风向阳的环境，不耐寒；
喜土层深厚肥沃、排水良好的沙质壤土。

园林用途：宜丛植、列植和片植作背景树、行道树和林带。

植株全貌

园林应用

叶

花

6.1.2 三药槟榔 *Areca triandra*

科　　属：棕榈科　槟榔属

形态特征：常绿灌木或小乔木，丛生；树干形似丛生竹；叶
羽状全裂；果实卵状纺锤形，果熟时由黄色变为
深红色；果期 8~9 月。

生态习性：喜半阴，喜温暖湿润气候；喜排水良好的沙质壤
土。则生长良好。

园林用途：宜丛植于建筑庭院、建筑角隅、道路转角处、草
坪等处观赏。

植株全貌

叶

枝

果

6.1.3 霸王棕（霸王榈） *Bismarckia nolbilis*

科　　属：棕榈科　霸王棕属

形态特征：常绿乔木，单生；基部膨大；叶掌状分裂，叶片
特大，裂片间有丝状纤维；叶蓝绿色，被白色蜡
及淡红色鳞秕；果球形，褐色。

生态习性：喜光，喜温暖湿润气候，不耐寒；喜排水良好、
疏松肥沃的沙质土壤。

园林用途：宜作行道树，或公园草坪上丛植、片植或孤植。

植株全貌

园林应用

枝

叶

6.1.4 短穗鱼尾葵 *Caryota mitis*

科　　属：棕榈科　鱼尾葵属

形态特征：常绿小乔木，丛生；叶羽状，羽片楔形；叶柄被
褐黑色的毡状绒毛；叶鞘边缘具网状的棕黑色纤
维；果球形，成熟时紫红色；花期4~6月，果期
8~11月。

生态习性：喜光，稍耐阴；喜温暖湿润气候；喜排水良好的
肥沃土壤。

园林用途：宜丛植于建筑庭院、建筑角隅、道路转角处、草
坪等处观赏。

植株全貌

枝

园林应用

叶

6.1.5 鱼尾葵　　*Caryota ochlandra*

科　　属：　棕榈科　鱼尾葵属

形态特征：　常绿乔木，单生；茎绿色，被白色的毡状绒毛，具环状叶痕；叶羽状，羽片菱形，小叶先端呈不规则的锯齿状；肉穗花序下垂，小花黄色；果球形，成熟时红色。

生态习性：　喜光，耐半阴；喜温暖湿润和通风良好的环境，不耐干旱。

园林用途：　宜作园景树和行道树。

植株全貌

叶

枝

园林应用

6.1.6 董棕　　*Caryota urens*

科　　属：　棕榈科　鱼尾葵属

形态特征：　常绿乔木，单生；叶羽状，羽片宽楔形，鞘边缘具网状的棕黑色纤维；果球形至扁球形，深红色至紫黑色；花期5~10月，果期6~10月。

生态习性：　喜光，直射光及半阴下生长良好；喜高温湿润气候，耐寒；喜排水良好的肥沃土壤。

园林用途：　宜作行道树和园景树，植于于公园草地、路旁。

植株全貌

叶

蜜

园林应用

6.1.7 散尾葵（黄椰子） *Chrysalidocarpus lutescens*

科　　属： 棕榈科　散尾葵属

形态特征： 常绿灌木，丛生；树干光滑，黄绿色，嫩时被蜡粉，环状鞘痕明显；叶羽状，裂片条状披针形，叶背银灰色；果实近球形，成熟时为红色；花期5~6月，果期11~12月。

生态习性： 耐阴，喜温暖湿润气候，耐寒；喜疏松肥沃的酸性土壤。

园林用途： 宜丛植于建筑庭院、建筑角隅、道路转角处、草坪等处观赏。

叶

果

园林应用

植株全貌

6.1.8 椰子（胥余、越王头） *Cocos nucifera*

科　　属： 棕榈科　椰子属

形态特征： 常绿乔木，单株；叶羽状全裂，整齐，裂片革质，线状披针形；佛焰花序腋生，多分枝；坚果倒卵形或近球形。

生态习性： 喜光，喜高温多雨的海边环境，抗风能力强，生长适应性强。

园林用途： 热带和南亚热带地常见绿化树种，宜作行道树，或丛植、片植成林。

植株全貌

叶

园林应用

园林应用

6.1.9　酒瓶椰子（酒瓶椰）　　　　　*Hyophorbe lagenicaulis*

科　　属： 棕榈科　酒瓶椰子属

形态特征： 常绿小乔木，茎单生；茎干光滑而中下部膨大，形似酒瓶；叶羽状，拱形，旋转；果实椭圆形，成熟时黑褐色。

生态习性： 喜光，喜高温湿润气候；喜疏松肥沃的土壤。

园林用途： 宜用于公园、居住区、道路等处丛植、列植或片植。

植株全貌

叶

园林应用

6.1.10　圆叶轴榈（扇叶轴榈、圆满椰子）　*Licuala grandis*

科　　属： 棕榈科　轴榈属

形态特征： 常绿灌木，单生；叶形奇特优美，生长至一定高度后，叶片横向生长，植株形成圆锥状，观赏价值更高。

生态习性： 耐阴，喜温暖湿润气候，不耐寒。

园林用途： 宜孤植或丛植于庭院阴凉处，也可室内盆栽观赏。

园林应用

叶

叶

园林应用

6.1.11　海枣（伊拉克蜜枣）　　　　*Phoenix dactylifera*

科　　属：　棕榈科　刺葵属

形态特征：　常绿乔木，单生；其叶片强劲斜举，尾部稍微弯
　　　　　　成拱形，叶裂片两面灰白色，叶柄基部的刺细而
　　　　　　软；果实较大，果肉味甜，可食。

生态习性：　喜光，喜高温干燥气候；喜排水良好的肥沃土壤。

园林用途：　宜作行道树和园景树。

植株全貌

叶

枝

园林应用

6.1.12　软叶刺葵（美丽针葵）　　　　*Phoenix roebelenii*

科　　属：　棕榈科　刺葵属

形态特征：　常绿灌木，单生；叶羽状，羽片线形，较柔软，
　　　　　　叶背沿叶脉被灰白色的糠秕状鳞秕，下部羽片变
　　　　　　成细长软刺；果实长圆形，成熟时枣红色；果期
　　　　　　6~9 月。

生态习性：　喜半阴，喜温暖湿润环境；喜排水良好、肥沃的
　　　　　　沙质土壤。

园林用途：　宜丛植于建筑庭院、建筑角隅、道路转角处、草
　　　　　　坪等处观赏，或列植于道路绿化带中。

植株全貌

叶

果

园林应用

6.1.13　蒲葵　　　　　　　　　　　　　　*Livistona chinensis*

科　　属：　棕榈科　蒲葵属

形态特征：　乔木状，基部常膨大；叶阔肾状扇形，掌状深裂
　　　　　　至中部，裂片线状披针形，2深裂成长达50cm的
　　　　　　丝状下垂的小裂片，两面绿色；花序呈圆锥状，
　　　　　　果实椭圆形；花果期4月。

生态习性：　喜光，也能耐阴；喜温暖湿润气候，能耐0℃左
　　　　　　右的低温，适应性强。

园林用途：　宜作园景树或行道树。

植株全貌

园林应用

茎

6.1.14　大王椰子（王棕）　　　　　　　*Roystonea regia*

科　　属：　棕榈科　王棕属

形态特征：　茎直立，乔木状；茎幼时基部膨大，老时近中部
　　　　　　不规则地膨大，向上部渐狭；叶羽状全裂，弓形
　　　　　　并常下垂；花序多分枝；花小，雌雄同株；果实
　　　　　　近球形至倒卵形，花期3~4月，果期10月。

生态习性：　喜阳，喜温暖湿润气候，不耐寒；对土壤适应性强，
　　　　　　忌积水，抗风力不强。

园林用途：　宜作园林行道树，或片植成林。

植株全貌

叶

茎

园林应用

6.1.15　棕竹（大叶棕竹）　　　　　　　　*Rhapis excelsa*

科　　属：　棕榈科　棕竹属

形态特征：　常绿丛生灌木；茎上部具褐色粗毛纤维质叶鞘；
　　　　　　叶掌状深裂，裂片 3~10 片；肉穗花序多分枝，
　　　　　　果实球状倒卵形，花期 6~7 月。

生态习性：　喜半阴，喜温暖、阴湿及通风良好的环境，不
　　　　　　耐寒。

园林用途：　宜丛植于庭院角隅、道路转角处、草坪等处观赏，
　　　　　　或列植于道路绿化带中。

植株全貌

叶

果

叶

6.1.16　棕榈　　　　　　　　　　　*Trachycarpus fortunei*

科　　属：　棕榈科　棕榈属

形态特征：　常绿乔木，单生；树干圆柱形，老叶柄基部被不
　　　　　　易脱落的和密集的网状纤维；掌状叶；果实阔肾
　　　　　　形，有脐，成熟时由黄色变为淡蓝色，有白粉；
　　　　　　果期 12 月。

生态习性：　喜光，喜温暖湿润气候；喜肥沃，排水良好的石
　　　　　　灰土、中性或微酸性土壤；不抗风，生长慢。

园林用途：　树姿优美，宜作园林行道树，或片植成林。

植株全貌

叶

枝

园林应用

6.1.17　丝葵（老人葵、华盛顿葵）　　*Washingtonia filifera*

科　　属：棕榈科　丝葵属

形态特征：常绿乔木，单生；树干常具下垂枯叶，掌状中裂，
　　　　　圆形或扇形折叠，边缘有白色线状纤维；肉穗花
　　　　　序多分枝，花小，白色；核果椭圆形，熟时黑色。

生态习性：喜光，喜温暖湿润气候，较耐寒；较耐旱，耐瘠
　　　　　薄土壤。

园林用途：宜作园林行道树，或片植成林。

植株全貌

叶

园林应用

茎干

6.1.18　狐尾椰子（二枝棕、狐狸椰子）　　*Wodyetia bifurcata*

科　　属：棕榈科　金山葵属

形态特征：常绿乔木，单生；羽状叶，羽片每2~5片靠近成
　　　　　组排列成几列，线状披针形；果实近球形或倒卵
　　　　　球形，果新鲜时橙黄色。

生态习性：喜光，喜温暖湿润气候，不耐寒；喜疏松肥沃土壤。

园林用途：宜作行道树和园景树。

植株全貌

果

园林应用

园林应用

6.2 竹类植物

6.2.1　粉单竹（单竹）　　　　　　　　　*Bambusa chungii*

科　　属：　禾本科　箣竹属

形态特征：　乔木状竹类植物，稍直立，顶端稍弯曲，出枝多，节间幼时被白色蜡粉，最初在节下方密生一圈向下的棕色刺毛环，后平滑无毛；叶片7片，细长披针形。

生态习性：　喜光，喜温暖湿润气候；喜肥沃疏松的土壤。

园林用途：　宜植于水边、山坡、院落或公园道路边。

6.2.2　小琴丝竹（孝顺竹）　　　　*Bambusa multiplex* cv. Alphonse-Karr

科　　属：　禾本科　箣竹属

形态特征：　丛生竹；竿高4~7m，直径1.5~2.5cm；竿和分枝的节间黄色，具不同宽度的绿色纵条纹，竿箨新鲜时绿色，具黄白色纵条纹。

生态习性：　喜半阴，喜温暖湿润气候，喜排水良好、湿润的土壤。

园林用途：　观叶观竿的优良竹种，宜配置于庭园角落或群植。

6.2.3 凤尾竹　　　　*Bambusa multiplex* cv. Fernleaf

科　　属：禾本科　箣竹属

形态特征：丛生型小竹，枝竿稠密，纤细而下弯；叶细小，
　　　　　长约 3cm，具 9~13 叶，似羽状。

生态习性：喜半阴，不耐强光暴晒；喜温暖湿润气候，耐寒
　　　　　性稍差，忌涝，喜排水良好的肥沃土壤。

园林用途：宜作低矮绿篱，或点缀庭院角隅、山石和建筑，
　　　　　也可作盆景。

植株全貌

叶

枝

园林应用

6.2.4 青皮竹　　　　*Bambusa textilis*

科　　属：禾本科　箣竹属

形态特征：丛生竹，幼时被白粉并密生向上淡色刺毛，杆节
　　　　　明显，上环不隆起；竿箨早落，窄三角形，箨耳小，
　　　　　长椭圆形，背面近基部贴生暗棕色刺毛；枝簇生，
　　　　　主枝纤细，但较其他分支略粗，叶片披针形。

生态习性：喜高温多湿气候；喜疏松湿润的肥沃土壤，抗风
　　　　　力强。

园林用途：宜植于山坡、水边、院落或道路边。

植株全貌

叶

叶

竹竿

6.2.5 大佛肚竹　　　　　　　　*Bambusa vulgaris*

科　　属： 禾本科　箣竹属

形态特征： 灌木或乔木状竹类植物；竿绿色，下部各节间极
为短缩，并在各节间的基部肿胀，幼时稍被白蜡
粉，并贴生以淡棕色刺毛，老则无粉无毛；节处
稍隆起，竿基数节具短气根，并于箨环之上下方
各环生一圈灰白色绢毛；分枝常自竿下部节开始，
每节数枝至多枝簇生，主枝较粗长。

生态习性： 喜高温多湿气候，不耐寒；喜疏松湿润的肥沃土
壤。

园林用途： 宜植于公园、风景区、居住区作观赏绿化。

植株全貌

叶

竹竿

园林应用

6.2.6 黄金间碧竹（黄金间碧玉）　　　*Bambusa vulgaris* cv. Vittata

科　　属： 禾本科　箣竹属

形态特征： 丛生竹，杆及分枝均金黄色，在节间有宽窄不等
的绿色纵条纹。

生态习性： 喜阳，喜温暖湿润气候；喜肥沃排水良好的壤土
或沙壤土。

园林用途： 宜植于建筑庭院、公园道路旁、水边观赏，是著
名的观赏竹种之一。

园林应用

叶

竹竿

植株全貌

6.3　水生类植物

6.3.1　莲（荷花、菡萏）　　　　　*Nelumbo nucifera*

植株全貌

科　　属：睡莲科　莲属

形态特征：多年生水生草本花卉；地下根状茎长而肥厚，有长节，叶盾圆形；花期6~8月，单生于花梗顶端，花瓣多数，嵌生在花托穴内，有红、粉红、白、紫等色；坚果椭圆形。

生态习性：喜光，喜温暖气候，有一定耐寒力；喜湿怕干，但水过深淹没立叶，则生长不良。

园林用途：夏季常见水生植物，亭亭玉立，宜种湖、池中，衬托亭、水榭、园桥等。

叶

花

枝

6.3.2　睡莲（子午花、水芹花）　　　　*Nymphaea tetragona*

植株全貌

科　　属：睡莲科　睡莲属

形态特征：多年生水生花卉；根状茎粗短；叶丛生，具细长叶柄，浮于水面，纸质或近革质，近圆形或卵状椭圆形，全缘；花单生于细长的花柄顶端，多白色；聚合果球形；花期为5月中旬~9月。

生态习性：喜强光，喜温暖的静水环境，耐寒；喜水质清洁，要求腐殖质丰富的黏质土壤。

园林用途：常见水生观赏植物，也可盆栽观赏或作切花材料。

叶

花

枝

6.3.3 千屈菜（水柳、对叶莲） *Lythrum salicaria*

科　　属：千屈菜科　千屈菜属

形态特征：多年生湿生草本植物，茎直立，四棱形或六棱形，多分枝；叶对生或3叶轮生，狭披针形，先端稍钝或锐，基部圆形或心形，全缘、无叶柄；总状花序顶生，花紫色；蒴果。

生态习性：喜强光；喜温暖，耐寒性较强；喜水湿，对土壤要求不高。

园林用途：宜片植于湖岸、河旁的浅水处。

植株全貌

叶

花

枝

6.3.4 狐尾藻 *Myriophyllum verticillatum*

科　　属：小二仙草科　狐尾藻属

形态特征：多年生草本；可沉水也可挺水，根状茎生于泥中，由节部生多数须根；茎软，细长，圆柱形，多分枝；叶无柄，通常4~5轮生，羽状全裂，裂片丝状。

生态习性：喜光，适应性极强。

园林用途：宜种于池塘和湖泊作水体绿化，也可以盆栽观赏。

叶

植株全貌

园林应用

枝

6.3.5　水生美人蕉　　　　　　　　　　*Canna generalis*

科　　属：美人蕉科　美人蕉属

形态特征：多年生挺水宿根草本；叶片大，阔椭圆形，互生，有明显中脉与羽状侧脉，叶柄鞘状；顶生总状花序有 10 朵左右；花色有红、黄、粉色等多种颜色。

生态习性：喜光，喜温暖湿润环境，不耐寒；喜肥，不抗风。

园林用途：宜种植在水中或水边，是优良的观叶观花水生植物。

植株全貌

粉花

黄花

枝

6.3.6　再力花（水竹芋、水莲蕉）　　　*Thalia dealbata*

科　　属：竹芋科　塔利亚属

形态特征：多年生挺水草本；叶卵状披针形，浅灰蓝色，边缘紫色，叶鞘大部分闭合；复总状花序，花小，紫堇色；全株附有白粉。

生态习性：喜光，喜温暖水湿环境；不耐寒，以根茎在泥中越冬。

园林用途：宜丛植于河道两侧、池塘四周、人工湿地。

植株全貌

叶

花

枝

6.3.7　梭鱼草（北美梭鱼草）　　　　*Pontederia cordata*

科　　属：雨久花科　梭鱼草属

形态特征：多年生草本植物；叶柄绿色，圆筒形，叶片较大；
　　　　　花序顶生，穗状，上有密生小花数百朵，花蓝紫色，
　　　　　上方两花瓣各有两个黄绿色斑点；花期 5~10 月。

生态习性：喜光，喜温暖湿润环境，不耐寒；喜肥，不抗风。

园林用途：宜丛植于河道两侧、池塘四周、人工湿地。

植株全貌

叶

花

枝

6.3.8　菖蒲（臭菖蒲、水菖蒲）　　　　*Acorus calamus*

科　　属：天南星科　菖蒲属

形态特征：多年水生草本植物；叶基部成鞘状，抱茎；花茎
　　　　　基生出，肉穗花序直立或斜向上生长，黄绿色，
　　　　　浆果红色；花期 6~9 月，果期 8~10 月。

生态习性：耐半阴，喜温暖湿润气候，最适宜生长的温度
　　　　　20~25℃。

园林用途：宜丛植或片植于水边、湿地或驳岸山石。

植株全貌

园林应用

叶

叶

6.3.9　海芋（野芋、天芋）　　　　*Alocasia macrorrhiza*

科　　属：　天南星科　海芋属

形态特征：　多年生草本；茎肉质粗壮，皮黑褐色；叶阔卵形，先端短尖，基部广心状箭形；叶柄粗壮，总花梗成对由叶鞘中抽出；佛焰苞粉绿色，肉穗花序。

生态习性：　较耐阴，喜高温多湿环境，不耐寒；喜潮湿酸性土壤，适应性强。

园林用途：　宜丛植于湿地、溪流和水边等地，或片植于半阴环境作地被植物。

叶

花

枝

6.3.10　花叶芦竹（芦荻竹、芦荻）　　*Arundo donax*

科　　属：　禾本科　芦竹属

形态特征：　多年生草本；具粗壮的根状茎；秆直立，有分枝；叶稍无毛；叶舌膜质，截平，顶端具短纤毛；叶互生，条状披针形，基部抱茎；圆锥花序顶生。

生态习性：　喜光，喜湿润气候；对土壤要求不甚严格。

园林用途：　宜片植于河旁、池沼、湖边。

植株全貌

叶

园林应用

叶

6.3.11　风车草（伞草、旱伞草）　　*Cyperus alternifolius*

科　　属： 莎草科　莎草属

形态特征： 多年生草本；其茎杆挺直；细长的叶状总苞片簇生于茎杆，呈辐射状，姿态潇洒飘逸。

生态习性： 喜半阴，喜温暖湿润，甚耐寒；对土壤要求不严，以肥沃稍黏的土质为宜。

园林用途： 宜丛植于湿地、溪流和水边等地。

植株全貌

叶

花

枝

6.3.12　纸莎草（纸草、埃及莎草）　　*Cyperus papyrus*

科　　属： 莎草科　莎草属

形态特征： 多年生常绿草本植物；茎秆直立丛生，三棱形，不分枝；叶退化成鞘状，棕色，包裹茎秆基部；总苞叶状，顶生，带状披针形；花小，淡紫色，花期6~7月。

生态习性： 喜高温高湿环境，全日照到半荫凉的环境中开花；对土壤要求不严。

园林用途： 沼泽水生植物，宜丛植于湿地、溪流和水边等地。

植株全貌

叶

花

枝

6.3.13　白鹭草（白鹭莞、星光草）　　　*Rhynchospora alba* cv. Star

科　　属： 莎草科　刺子莞属

形态特征： 直立性水生植物；叶线形，基生，先端渐尖；头状花序顶生，苞片细长披针状，下垂，基部上端白色，小穗淡黄色。

生态习性： 喜光，喜温暖气候，耐高寒，生长适温为 20~28℃；喜潮湿的土壤。

园林用途： 宜于湿地、水池栽培或盆栽。

植株全貌

园林应用

叶

花

6.3.14　水葱（管子草、莞蒲）　　　*Scirpus validus*

科　　属： 莎草科　藨草属

形态特征： 多年生宿根挺水草本植物；茎秆高大通直；杆呈圆柱状，中空；根状茎粗壮而匍匐，须根很多；线形叶，圆柱形茎秆上有黄色环状条斑；花果期 6~9 月。

生态习性： 喜光，喜温暖潮湿的环境，喜浅水或岸边生长。

园林用途： 茎秆挺拔翠绿，宜丛植于湿地、溪流和水边等地。

茎

花

茎

参 考 文 献

[1] 朱炳海，王鹏飞，等.气象学词典 [M]. 上海：上海辞书出版社，1984.

[2] 包澄澜.热带气象学 [M]. 北京：科学出版社，1980.

[3] 任美锷，曾昭璇.论中国热带的范围 [J]. 地理科学，1991，11（02）：101-108，97.

[4] 张志明，范钟秀.气象学与气候学 [M]. 北京：中国水利水电出版社.1996.

[5] 周淑贞.气象学与气候学 [M].2 版.北京：高等教育出版社，1985.

[6] PEEL，FINLAYSON，MCMAHON. Updated world map of the KÖppen-Geiger climate classfication [J]. Hydrology and Earth System Sciences，2007，11：1633-1644.

[7] 李有，任中兴，崔日鲜，等.农业气象学 [M]. 北京：化学工业出版社，2012.

[8] 丘宝剑，卢其尧，等.中国热带 - 南亚热带的农业气候 [M]. 北京：科学出版社，1963.

[9] 吴中伦.我国热带范围划分的商榷 [J]. 热带林业科技，1985（01）：1-2.

[10] Charles-marie Messiaen. *The Tropical Vegetable Garden* [M]. The Macmilian Press LTD，1992.

[11] 祝廷成，等.植物生态学 [M]. 北京：高等教育出版社，1988.

[12] 左大康.现代地理学辞典 [M]. 北京：商务印书馆，1990.

[13] 王贵贤.国土工作手册 [M]. 济南：山东人民出版社，1988.

[14] 阎传海.植物地理学 [M]. 北京：科学出版社，2001.

[15] 李敏，吴刘萍.热带园林研究初探 [J]. 广东园林，2004（01）：8-14.

[16] 许再富.榕树——滇南热带雨林生态系统中的一类关键植物 [J]. 生物多样性，1994，2（1）：21-23.

[17] 许再富，刘宏茂.西双版纳傣族贝叶文化与植物多样性保护 [J]. 生物多样性，1995，3（3）：174-179.

[18] 李文敏.植物景观设计 [M]. 上海：上海交通大学出版社，2011.

[19] 孟昭武.园林艺术原理（下）[M]. 沈阳：白山出版社，2003.

[20] 姜海凤，刘荣凤.热带园林植物景观设计研究 [J]. 安徽农业科学，2008，36（21）：9034-9036.

[21] 肖笃宁，李秀珍，高峻，等.景观生态学 [M]. 北京：科学出版社，2003.

[22] 杨玉珍，刘高焕，刘庆生.黄河三角洲生态与资源数字化集成研究 [M]. 郑州：黄河水利出版社.2004.

[23] 刘黎明.乡村景观规划 [M]. 北京：中国农业大学出版社，2003.

[24] 高大伟，等.颐和园生态美营建解析 [M]. 北京：中国建筑工业出版社，2011.

[25] 李树华，马欣.园林种植设计单元的概念及其应用 [A]. 住房和城乡建设部、国际风景园林师联合会.和谐共荣——传统的继承与可持续发展：中国风景园林学会 2010 年会论文集（下册）[C]. 住房和城乡建设部、国际风景园林师联合会，2010：888-889.

[26] 孙靖.组群模式在居住区植物造景中的应用研究——以杭州市优秀居住区为例 [D]. 杭州：浙江大学，2011.

[27] 李敏，谢良生. 深圳园林植物配置与造景特色 [M]. 北京：中国建筑工业出版社，2007.

[28] 孙筱祥. 园林艺术及园林设计（讲义）[Z]. 北京：北京林业大学城市园林系，1986.

[29] 储椒生，陈樟德. 园林造景图说 [M]. 上海：上海科学技术出版社，1988.

[30] 苏雪痕. 植物造景 [M]. 北京：中国林业出版社，1994.

[31] 张吉祥. 园林植物种植设计 [M]. 北京：中国建筑工业出版社，2001.

[32] 朱钧珍. 中国园林植物景观艺术 [M]. 北京：中国建筑工业出版社，2003.

[33] 赵世伟，张佐双. 园林植物景观设计与营造 [M]. 北京：中国城市出版社，2001.

[34] 臧德奎. 园林植物造景 [M]. 北京：中国林业出版社，2008.

[35] 黄福权，陈俊贤. 深圳园林植物配置艺术 [M]. 北京：中国林业出版社，2009.

[36] 卢圣. 图解园林植物造景与实例 [M]. 北京：化学工业出版社，2011.

[37] 陈其兵. 风景园林植物造景 [M]. 重庆：重庆大学出版社，2012.

[38] 吴刘萍，李敏. 试论湛江市园林植物景观热带特色的营造 [J]. 福建林业科技，2005，32（2）：106-110，115.

[39] 谢晓蓉. 岭南园林植物景观研究 [D]. 北京：北京林业大学，2005.

[40] 苏雪痕，宋希强，苏晓黎. 城镇园林植物规划方法及其应用（3）——热带、亚热带植物规划 [J]. 中国园林，2005（04）：63-69.

[41] 苏雪痕，宋希强，苏晓黎. 城镇园林植物规划方法及其应用（4）——热带植物配植与应用 [J]. 中国园林，2005（05）：47-55.

[42] 黎伟，刘拥春，宋希强. 热带植物专类园的景观设计 [A]. 中国园艺学会观赏园艺专业委员会、国家花卉工程技术研究中心. 中国观赏园艺研究进展 2009[C]. 中国园艺学会观赏园艺专业委员会、国家花卉工程技术研究中心. 2009.

[43] 吴庆书. 热带园林植物景观设计 [M]. 北京：中国林业出版社，2009.

[44] 黄青良，谢盛强. 棕榈科植物在海口市园林绿化上应用的探讨 [J]. 海南大学学报（自然科学版），1997（03）：218-222.

[45] 蔡昌运，郑勇，黄青良，等. 海口市城市绿化树种研究 [J]. 热带农业科学，1999（04）：22-27.

[46] 成夏岚，陈红锋，欧阳婵娟，等. 海口市城市绿地常见植物多样性调查及特征研究 [J]. 中国园林，2012（03）：105-108.

[47] 吴刘萍，李敏. 论热带园林植物群落规划及其在湛江的实践 [J]. 广东园林，2005（03）：6-10.

[48] 吴刘萍，李敏，孔令培，等. 湛江市城市行道树调查与分析 [J]. 林业科技开发，2006（02）：87-90.

[49] 吴刘萍，武丽琼. 植物区系分析在湛江城市园林植物规划中的应用 [J]. 福建林业科技，2006（02）：84-88.

[50] 詹丽云，彭逸生，黄久香，等. 珠海市区道路绿化应用植物调查 [J]. 广东园林，2006（03）：30-35.

[51] 刘文龙. 珠海市园林景观植物多样性调查与评价及发展对策研究 [D]. 广州：中山大学，2012.

[52] 刘灿. 深圳市园林植物多样性与植物景观构成研究 [D]. 北京：北京林业大学，2006.

[53] 曾丽娟. 深圳居住区绿地植物造景典型配置模式与特色 [J]. 广东园林，2007（03）：71-75.

[54] 谢良生，曹华，王菊萍 . 深圳园林植物配置与造景特色研究 [J]. 风景园林，2008（01）：68-71.

[55] 胡心亭 . 深圳市滨海大道植物景观的现状及其改造 [J]. 安徽农学通报，2008（07）：109-111.

[56] 唐秋子，樊炳坚，胡松华 . 试析广州兰圃园林植物造景 [J]. 广东园林，1990（01）：1-3.

[57] 李敏 . 广州艺术园圃 [M]. 北京：中国建筑工业出版社，2001.

[58] 翁殊斐，洪家群 . 广州园林植物造景的岭南特色初探 [J]. 广东园林，2003（02）：25-28.

[59] 叶铭和 . 广州现代园林植物造景现状及发展研究 [D]. 长沙：中南林业大学，2005.

[60] 马芸 . 广州市植物多样性和景观构成的研究 [D]. 北京：北京林业大学，2006.

[61] 李欣 . 广州公园植物配置模式研究及信息系统构建 [D]. 哈尔滨：东北林业大学，2009.

[62] 翁殊斐，柯峰，黎彩敏 . 用 AHP 法和 SBE 法研究广州公园植物景观单元 [J]. 中国园林，2009（04）：78-81.

[63] 欧小珊 . 广州典型植物造景实例研究 [D]. 广州华南理工大学，2012.

[64] 梁敏如 . 澳门城市绿地与园林植物研究 [D]. 杭州：浙江大学，2006.

[65] 傅嘉维，李敏，梁敏如 . 澳门园林绿地植物配置特色研究 [J]. 广东林业科技，2011（03）：62-66.

[66] 翁殊斐，陈锡沐 . 广州市公园植物景观特色与品种配置相关性研究 [J]. 亚热带植物科学，2004（01）：42-45.

[67] MADE WIJAYA. Tropical Garden Design[M]. London：Thames & Hudson，1999.

[68] 佘美萱，张远文，李永红 . 浅议东南亚热带庭园植物造景 [J]. 广东园林，2005（03）：11-14，23.

[69] TAN HOCK BENG. Tropic Paradise[M]. New York：Watson-Guptill Publications，2000.

[70] NICKY，DEN HARTOGH. Tropical Gardens[M]. London：Tiger Books International，1995.

[71] WARREN WILLIAM. The Tropical Garden[M]. London：Thame & Hudson，1997.

[72] BRANDIES，MONICA MORAN. Landscaping with Tropical Plants[M]. Sunset Pub Co.，2004.

[73] ROBERT LEE RIFFLE. The Tropical Look [M]. Portland：Timber Press，1998.

[74] MARX. The Lyrical Landscape [M]. London. Thames & Hudson，2001.

[75] 陈锡沐 . 泰国主要的园林植物种类 [J]. 华南农业大学学报，1995（01）：115-121.

[76] 安静，刘大昌 . 论泰国曼谷与孔敬市热带地区园林植物造景的特点 [J]. 安徽农业科学，2008（35）：15425-15427.

[77] 朱智 . 泰国清迈园林植物的种类及其应用 [J]. 广东园林，2008（06）：45-51.

[78] 何建顺，宋希强 . 新加坡热带园林植物景观设计初探 [J]. 中国农学通报，2010（19）：216-220.

[79] 曾君，陈国勇 . 中国西双版纳景洪与泰国清迈园林植物的比较研究 [J]. 现代园艺，2012（16）59-60.

[80] 江爱良，朱太平 . 中国热带、亚热带山区植物资源特点和开发利用中应注意的问题 [J]. 自然资源，1986（01）：1-10.

[81] 许再富 . 热带植物资源持续发展的理论与实践 [M]. 北京：科学出版社，1996.

[82] 何建顺 . 中国海南与新加坡热带植物景观比较研究 [D]. 海口：海南大学，2010.

[83] 广东省植物研究所 . 广东植被 [M]. 北京：科学出版社，1976.

[84] 中国科学院华南植物研究所 . 广州植物志 [M]. 北京：科学出版社，1956.

[85] 刘晔 . 广州、长沙城市植物造景对比研究 [D]. 长沙：中南林业科技大学，2006.

[86] 方丽 . 海南热带森林旅游景区的园林设计研究 [D]. 海口：海南大学，2013：21.

[87] 李安彦 . 广西山口红树林自然保护区红树林群落景观及园林应用研究 [D]. 长沙：中南林业科技大学，2009.

[88] 刘敏 . 云南省西双版纳棕榈科园林植物造景模式研究 [D]. 昆明：西南林业大学，2011.

[89] 庄雪影 . 园林树木学 [M]. 广州：华南理工大学出版社，2002.

[90] 中国科学院华南植物研究所 . 广东植物志（第一卷）[M]. 广州：广东科技出版社，1987.

后 记

改革开放 40 年来，中国南方热带地区的社会经济与城乡建设发展迅猛，日新月异。尤其是前几年中央政府有关海南省建设国际旅游岛和自由贸易区的政策发布后，热带地区的风景园林、旅游景区和美丽乡村建设对园林植物造景及绿化应用的市场需求强劲，量大面广，而适用于指导相关实践的理论书籍却寥若晨星，急需有学者填补这方面的空白。

本书的写作动因，源于 2012 年华南农业大学热带园林研究中心与广东海洋大学园林系合作申报及开展研究的一个国家自然科学基金资助项目（51208118）——《景观单元：园林植物应用基本单位研究（以中国热带地区为例）》。该课题的研究目标是探讨热带园林植物造景的理论基础与设计方法，提炼归纳常用的植物造景配置模式，以指导建设实践。2015 年该课题完成后，我即着手本书的选题申报与写作。但由于工作繁忙等原因，书稿写作时断时续，拖了好久。2018 年末，机械工业出版社建筑分社赵荣编辑来广州登门拜访邀稿，促使我下决心尽快写作，终于按计划完成了书稿。谨此，我要向赵荣女士、审稿编辑和机械工业出版社的领导表示衷心的感谢！

本书的写作基础是近 16 年来我们热带园林研究中心开展相关课题的研究成果，先后参与工作的研究人员主要有：吴刘萍、邓惠娟、武丽琼、赵爽、夏海鸥、李水雄、张惠金、杨岭兰、袁霖、韦怡凯、刘慕芸、叶智浩、俞快、童匀曦、周恩志、李源、张希晨等，均为我指导的研究生。其中，吴刘萍同学一直从事热带园林植物应用研究，2005 年从我校研究生毕业后回到湛江海洋大学任教，是我们合作完成国家自然科学基金热带园林植物造景研究项目的负责人，现已晋升教授。邓惠娟同学在校期间主要从事热带园林植物专类园营造研究，毕业后我推荐她到香港大学继续深造，几年前博士毕业回到暨南大学深圳旅游学院任教。赵爽同学 2010 年硕士毕业后留校做科研助理工作了 5 年，2015 年后调任深圳市铁汉生态环境股份有限公司总工办业务经理，多年来协助我完成了许多重要的规划设计和研究项目，尤其在园林植物应用领域有所专长，造诣颇深。她对本书有关植物材料的写作贡献很大。夏海鸥同学在读研期间就参与该专题研究，为本书第 2 章的工作打下了一定基础。此外，校档案馆的张文英副研究员在文献研究和后勤保障等方面做出了积极贡献。本书的版式设计初排工作由在校研究生张希晨同学完成，她为书稿的最后成型付出了许多辛劳。为此，我向所有为本书做出贡献的人士表示最诚挚的谢意！长江后浪推前浪，未来属于努力学习和奋斗的年轻人！

　　本书可供从事热带和南亚热带地区城市规划、绿化建设、园林设计、旅游景区等工作的专业技术人员业务应用，也可作为华南地区风景园林相关专业的高校师生教学参考书。

　　中国的热带园林营造理论和实践的研究尚处于起步阶段，任重而道远，愿大家一起努力！

2019 年 5 月 20 日于广州